东南大学建筑学院90周年院庆系列丛书
Book Series for the 90th Anniversary of
School of Architecture, Southeast University

东南大学建筑学院教师设计作品选

1997-2017

The Works I:
Selected Design Projects
by the Teachers
at the School of Architecture of SEU
1997-2017

东南大学建筑学院教师
设计作品选编写组　编

中国建筑工业出版社

图书在版编目（CIP）数据

东南大学建筑学院教师设计作品选：1997-2017／
东南大学建筑学院教师设计作品选编写组编.-北京：
中国建筑工业出版社，2017.11
　（东南大学建筑学院90周年院庆系列丛书）
　ISBN 978-7-112-21352-8

　Ⅰ.①东… Ⅱ.①东… Ⅲ.①建筑设计-作品集-中
国-现代　Ⅳ.①TU206

　中国版本图书馆CIP数据核字（2017）第248965号

　　本书是东南大学建筑学院院庆90周年系列丛书之一，汇编了自1997年至2017年间东南大学建筑系／建筑学院在任教师的规划、设计作品共计99项，集中体现了这一秉承优秀学科传统的学术团队应对二十年来国家快速城镇化过程中出现问题的思考与行动，及其实践创作的成果、价值与贡献。

责任编辑：陈　桦　王　惠
责任校对：李欣慰

东南大学建筑学院 90 周年院庆系列丛书
Book Series for the 90th Anniversary of School of Architecture, Southeast University

东南大学建筑学院教师设计作品选
1997-2017
The Works Ⅰ: Selected Design Projects by the Teachers
at the School of Architecture of SEU 1997-2017
东南大学建筑学院教师设计作品选编写组　编
*
中国建筑工业出版社出版、发行（北京海淀三里河路9号）
各地新华书店、建筑书店经销
北京方舟正佳图文设计有限公司制版
北京雅昌艺术印刷有限公司印刷
*
开本：880×1230 毫米　1/16　印张：16½　字数：524 千字
2017 年 10 月第一版　2017 年 10 月第一次印刷
定价：149.00 元
ISBN 978-7-112-21352-8
　　　（31042）

东南大学建筑学院的前身是中央大学、南京工学院和东南大学建筑系。2003年,在原建筑系的基础上组建"建筑学院"。其是中国大学建筑教育中最早的一例,自1927年建系以来已走过90年历程。90年筚路蓝缕、成长壮大、传承创新,为国家培养了包括院士、大师、总师、院长等在内的大批杰出人才,贡献了大量重要的学术成果和设计创作成果,成为中国一流的建筑类人才培养、科学研究和设计创作的基地,并在国际建筑类学科具有重要影响力。值此90周年院庆之际,编辑出版《东南大学建筑学院90周年院庆系列丛书》,一为温故90年奋斗历程,缅怀前辈建业之伟;二为重温师生情怀和同窗之谊,并向历届师生校友汇报学院发展状况;三为答谢社会各界长期以来对东南大学建筑学院的关爱和支持。

这套丛书包括《东南大学建筑学院学科发展史料汇编1927－2017》、《东南大学建筑学院教师访谈录》、《东南大学建筑学院教师设计作品选1997－2017》、《东南大学建筑学院教师遗产保护作品选1927－2017》、《绿色建筑设计教程》、《建筑·运算·应用:教学与研究Ⅰ》等共计6册。其中《东南大学建筑学院学科发展史料汇编1927－2017》完整展现了东南大学建筑学院各学科自1927年建系至今的发展历程,整理收录期间的部分档案资料,本书亦可作为研究中国近现代建筑教育源流及发展的参考资料;《东南大学

建筑学院教师访谈录》收录了部分老教师的访谈文稿,是学院发展各阶段的参与者和见证者对东南建筑学派90年发展历程生动且真切的记录和展现;《东南大学建筑学院教师设计作品选1997－2017》汇集了近二十年来建筑学院在任教师的规划、设计作品共计99项,集中反映了东南大学教师实践创作的成果、价值与贡献;《东南大学建筑学院教师遗产保护作品选1927－2017》依实践中涉及的建筑遗产保护五大类型,选有自20世纪20年代以来90余年完成的保护项目共65例;《绿色建筑设计教程》是近年来学院在建筑学前沿方向教改研究的成果之一,体现了在面对全球气候变化和能源环境危机时建筑学教育的思考与行动;《建筑·运算·应用:教学与研究Ⅰ》着眼于计算机编程算法,在生成设计、数控建造和物理互动设计等方向,定义、协调或构建与城市设计、建筑设计、建造体系相关的各种技术探索,结合教学激发多样设计潜能。

期待这套丛书能成为与诸位方家分享经验的桥梁,也是激励在校师生不忘初心,继续努力前行的新起点。

编者识

序

建筑学、城乡规划学和风景园林学都是实践型学科，设计及与之相关的理念、创意、技法和经验构成了其知识与学术体系的重要部分，体现出学科自主性的独特价值。建筑教育起源于工坊中的师徒传授，发展至今，国内外建筑院校中的设计教席很多仍由优秀的职业建筑师担任。一方面他们将实践中的思考和经验带入课堂；另一方面，作为教师他们的实践常常带有实验性和批判性，或者兼具教学的示范性和研究的实证性。这一建筑师群体的设计创作与事务性设计机构存在着明显差异，相对于行业内的"职业建筑师"（Professional Architect），他们或许可以被称作"教授建筑师"（Professor Architect）。

东南大学建筑类学科从创始起，师资组成中从来不缺乏最优秀的实践建筑师，这个学院也为中国建筑界培养了大量训练有素、勤学实干的职业建筑师。在住房城乡建设部和国家文物局评选的首批 20 世纪中国建筑遗产中有超过五分之一是中央大学 / 南京工学院 / 东南大学的教师与毕业校友主持或参与的工程。齐康院士曾反复告诫学生："不下工地的建筑师就不是好建筑师。"陈薇教授在总结"东南学派"时指出，如果用一个字来诠释"东南学派"的第一层面，应该是"做"；她同时用"做，融合，批判性，传承创新"来定义"东南学派"的四个意义层面[1]。这组词也充分概括了东南大学教师实践创作的价值与贡献。

值东南大学建筑学院院庆 90 周年之际，接续 1997 年 70 周年系庆时编录的教师作品集，本书汇编了自 1997 年至 2017 年二十年间东南大学建筑系 / 建筑学院在任教师的规划设计作品共计 99 项，其中建筑设计 50 项，城乡规划 26 项，风景园林 23 项。收录的作品反映了东南大学教师应对二十年来国家快速城镇化过程中出现问题的思考与行动，在不同层面产生重要的社会效益和文化影响。这些作品大多在国内外获得重要奖项，在学科最高级刊物刊录，或在专业方向上具有突出的代表性。作品选录向学院年轻教师做适当倾斜，旨在激励青年学者在体现学科自主价值的核心领域承接传统，持续发力。

"重实践，擅批判，求创新"是东南大学建筑学院的传家宝，本书的编纂是对其在当今学科发展中结出果实的系统梳理，也是对这一在 90 年历程中深潜薄发、历久弥新的学术传统的推崇与致敬。

张彤

---

① 陈薇.问渠哪得清如许 为有源头活水来——东南四学 [J].世界建筑.2015（05）：21-23.

目录

综述　陈薇

建筑设计是东南大学的常青树，不仅浓绿疏茎，还繁花异果、落叶有声。

———————————

根系发达为其一。一方面，深植90年，能量巨大。1927年原中央大学创办中国第一个建筑系伊始，系主任刘敦桢先生便建立了以建筑设计为主干的教学目标和发展方向，而后如杰出建筑师杨廷宝和童寯等先生的加盟，基本确定了中央大学及其后南京工学院、东南大学建筑系（学院）致力于培养中国优秀建筑师的目标。另一方面，东西合璧，学养丰厚。以刘敦桢、杨廷宝、童寯等先生为代表，将东方的建筑学和西方的建筑学融为一体，并先行注重中国的建筑营造法和中西文化为建筑设计学习之必须，遂打下深厚根基。"庭中有奇树，绿叶发华滋"，无论是20年前出版的70年系庆《教师设计作品集》（东南大学1927-1997），还是如今将付梓的近20年《东南大学建筑学院教师设计作品选1997-2017》，"文化建筑"类的数量多、内涵深，且品质优异、出类拔萃，源出于此。尤其此次推选中，数量名列前茅，反映出东南持续对于文化建筑的高度重视以及独特贡献。

———————————

土壤发酵为其二。建筑学是研究建筑及其环境的学科，建筑设计关系人、社会、文化和科技等诸方面的因素，这广袤的土壤及其酸碱度催化出迭代而持续需求的建筑，诸如公共建筑、住宅等，在建筑设计教学和教师从事的创作中也是主体内容。但是近20年一些建筑类型功能上发生很大变化，在某些建筑设计主体上也出现明显分野。对于前者，如果比较《建筑设计资料集》（1994年版）和在编即将发行的新版，会发现以前的细分类型如文化馆、电影院、剧场等消失了，"观演"涵盖之；后者如住宅，在20年前许多设计及其创新性的住宅户型由高校老师担纲，而如今中国房地产业的快速发展催生的住宅设计主体在房地产的研发部门。作为东南大学建筑教师的作品，鲜明地反映出这样的特征：在优秀的设计作品中，"城市公共设施"和"教育办公建筑"仍占主流，虽然数量并不占先，但复杂程度和技术难度加强，规模以及和外部空间的关联度加大；而住宅类缺席。另一方面，中国这20年是城市化进程加速的20年，由于经济转型、功能转型、产业转型、土地转型等，也带来大量的"既有建筑改造"和"乡村建设"，东南大学建筑学院教师与时俱进，推陈出新，有不少优秀作品。与社会同呼吸、与时代共命脉，始终是东南大学建筑学院教师的责任和担当所在。当然，也值得警醒和反思：除却教师的实践，在教学层面如何及时转型而贴近生活及其在方法论层面如何应对发展变化的挑战，将是重要的工作。

———————————

技术手段为其三。大树的生长离不开剪枝嫁接、浇水施肥，而技术先进和手段简明，是为要则。东南大学建筑学院在这方面意识超前、擅长进步。如在十几年前就选派优秀年轻教师在瑞典学习生态建筑、在瑞士学习数字化设计，从而在"绿色建筑与建筑运算"方面，独步一代，不仅在理论方面有所建树，而且在具体实践上成绩斐然，获得重要奖项及在社会效益方面发挥重要作用。可谓"碧玉妆成一树高，万条垂下绿丝绦，不知细叶谁裁出，二月春风似剪刀"。除此之外，东南大学建筑学院在新版《建筑设计资料集》中特别担纲新增专题的主编工作，也反映出在前沿探索和新型领域方面眼光独到，实力强盛。

———————————

阳光雨露为其四。这主要包括机制方面：一是理论与实践并重，优秀的建筑设计不仅需要实战经验，更需要思想、意识、方法、技术等创新，东南大学建筑学院在这方面有优良的传统，科研力量强大，参与社会突出，从而相互补充，长足进步；二是教学相长、重视梯队，不少在20年前作品集中作为学生参加设计的后学，在这本作品选中成为项目负责人和主创，从年龄分布来看，此次作品的设计人以中年居多，但老、中、青结构均衡，梯队依在，犹如树的生长，年轮的拓宽和参天的力量并进，不可遏制；三是三足鼎立，东南大学建筑设计的人员来自建筑学院、建筑研究所和建筑研究中心、建筑设计研究院有限公司，这保证了在设计的前期、过程与后期以及分工与合作上，能够相互补强，尽管此次所选作品仅为现任教师所作，但从一个角度可以透视合力共赢的关联成果；四是学科共享平台、切磋无间，2011年东南大学建筑学依据国家学科建设需求调整为建筑学、城乡规划学、风景园林三个一级学科，但在不少设计作品中，教师合作没有分界，尤其在遗产保护、城市设计、传统园林方面表现突出，虽未纳入此栏，但可于另栏他册鉴赏。值得一提的是，历史理论的素养对于建筑设计创作尤其重要，东南大学深解其局，重视诸学科与历史学科的合作与互动，成为一种传统，也成为一道风景。

———————————

雨晓光浮，惊鸿一瞥，况且当下建筑设计宛如春秋战国"学在四野"的情形，不少创意新颖的作品并未参加评奖和推广，未一一纳入，敬请谅解。无论如何，90年茁壮的常青树，树上树下，花开花落，叶黄落地始作泥，粒入深草木凌云。漫山遍野之壮观，广厦万间之盎然，可以想见。

I 建筑设计

ARCHITECTURE DESIGN

I.1 文化建筑

I.1.01
河南博物院

主要设计人员：齐康、郑炘、王建国、郑至、刘斯荣
作品地点：河南省郑州市
项目功能：博物馆
设计与建造时间：1993 － 1998
工程规模：78800m²
建设单位：河南博物院
合作设计单位：河南省建筑设计研究院
获奖情况：1. 中国建筑学会国庆 60 周年建筑创作大奖
　　　　　2. 2006 年度全国优秀工程勘察设计奖
　　　　　3. 1999 年河南省城乡建设优秀勘察设计（建筑设计）一等奖

西南对角视景

齐康院士草图一

立意构思突出以中原之气为核心，借鉴传统，针对地段特点采取有主有从的布局手法，取中外建筑审美意识的精华，运用现代技术和材料，把多种功能简洁和谐地成为整体，最终使河南博物院成为一座雄伟、壮观、贯通古今、极富中原特色的现代博物院建筑群。

河南博物院选址地处于郑州市中心区偏北，总占地 11.47hm²，地形规整平坦。建筑群的布置根据功能采取集中和分散相结合的方法，共分五个区，即展览区、文物库房区、社会服务区、后勤服务区、设备用房区。馆区中心部位为主馆，集中布置陈列区，是一座中庭式陈列展览大厅，地面以上建筑高达 45.5m，高耸挺拔，稳重端庄，整个形体呈"金字塔"状。围绕中央大厅，结合四个庭院簇拥着一组临时陈列展厅和序言大厅，犹如众星捧月，较好地处理了主体与陪衬的艺术关系。

建筑群以主体建筑为中心，通过庭院、廊道等有机的空间组合，使整个建筑显得主从分明、和谐统一。从总平面看，建筑群由九个体块组成，暗合了"九鼎定中原"的内涵。

总之，设计力求线条简洁，整体造型壮丽浑厚、风格独特、气势恢宏、内涵丰富，既凝聚中原地区历史文化特色，又符合功能使用要求。

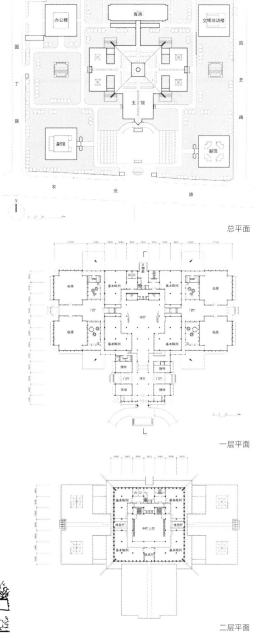

总平面

一层平面

二层平面

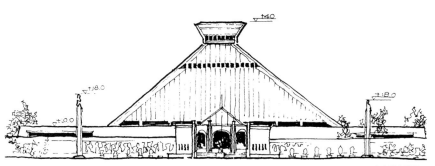

齐康院士草图二

东南侧视景

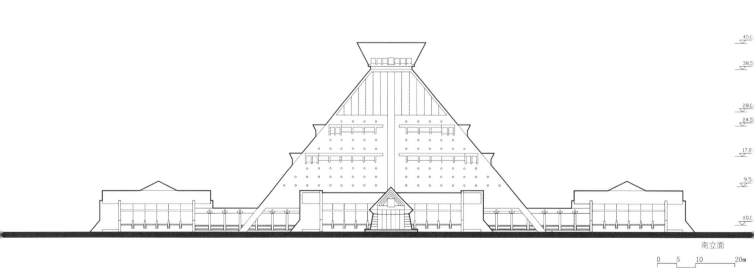

南立面

0 5 10   20m

序言厅室内

临展馆仰视

东侧夜景

I.1.02
福建博物院

主要设计人员：齐康、邓浩、杨志疆等
作品地点：福建省福州市
项目功能：博物馆
设计与建造时间：1997.9 — 2002.10
工程规模：35000m²
建设单位：福建博物院
合作设计单位：福建省建筑设计研究院
获奖情况：1. 2004 年度福建省优秀工程勘察设计一等奖
2. 2005 年度建设部优秀勘察设计二等奖

齐康院士草图

全景鸟瞰

主入口

福建博物院是集历史博物馆、自然博物馆、闽台交流中心、积萃园艺术馆和考古研究所等为一体的综合性博物院。建设用地位于西湖公园内，三面环水，总用地面积约89亩（8900m²）。在总平面的设计中，强调了城市尺度与环境尺度的相结合，使其在整合这一区域的同时，成为一种"包容性"的中心，既融于环境，又创造环境，并最终成为西湖公园中的一座"博物花园"。在平面功能的设计中，博物馆被划分为主馆区、综合馆区、自然馆区和检测中心区四个主要的部分，主入口设计在二层，这样从地面广场到主入口便形成了宽阔的台阶平台，结合浮雕墙塑造出浓郁的文化氛围，形成了空间的第一层次；进入室内后以序言厅为中轴，用玻璃天棚将阳光引入室内，形成空间的第二层次；经过序言厅进入中央大厅，各陈列厅围绕大厅布置，近20m的中庭成为整个建筑空间序列的高潮所在。在形态景观的设计中，没有简单地套用原有的传统形式，而是抽象出福建民居飞檐大量并置所产生的层层相叠的形象特征，在整个造型的水平方向，形成了地方形式的固有的韵律特点。在主入口、单元体等处又重点地研究了地方曲线的现代性处理，结合近40m高的图腾柱的隐喻，表达出一种浑厚的、具有地方特质的文化内涵。

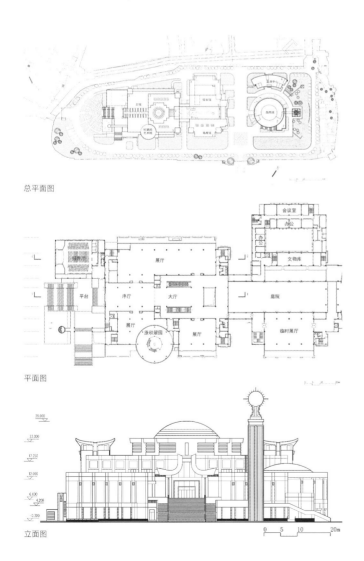

总平面图

平面图

立面图

0　5　10　20m

序厅

15

I.1.03
沈阳"九·一八"历史博物馆

主要设计人员：齐康、金俊、王彦辉等
作品地点：辽宁省沈阳市
项目功能：博物馆
设计与建造时间：1997.9—1999.9
工程规模：12600m²
建设单位：沈阳"九·一八"历史博物馆
合作设计单位：中建中国东北建筑设计研究院
获奖情况：1. 1999 － 2000 年度辽宁省优秀工程勘察设计一等奖
　　　　　2. 2000 年度中国建筑工程公司直属设计院优秀工程设计一等奖

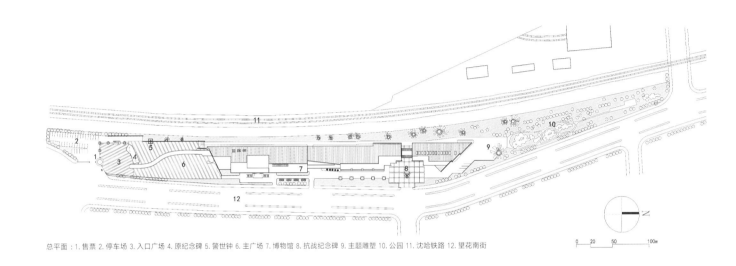

总平面：1.售票 2.停车场 3.入口广场 4.原纪念碑 5.警世钟 6.主广场 7.博物馆 8.抗战纪念碑 9.主题雕塑 10.公园 11.沈哈铁路 12.望花南街

入口广场

东侧外墙

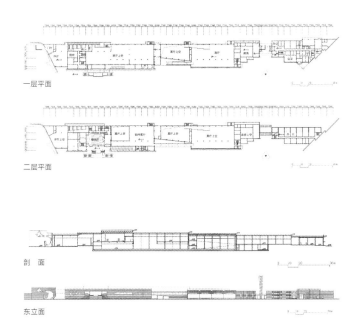

一层平面

二层平面

剖　面

东立面

　　博物馆设在沈阳"九·一八"残历碑的背后，是一块狭长的用地，长约700m，宽约45m，一侧是铁路干线，另一侧是城市的干道。长达400m的建筑成为道路的一个重要界面。

　　尊重历史的残历碑是我们规划设计的首要构思。新建的博物馆用延伸的墙体环抱着它。纵长的围墙，既挡住铁路上过往车辆的噪声，又是广场的界面。防噪声是我们的重要构思，我们设想用单向坡屋面来解决，使车轨摩擦的噪声有利于沿着斜坡屋顶而减弱、消失。

　　场地位于丁字路口，是观赏的对景，这有利于将这一纵长的建筑作为视景的结束点，因此在残历碑后的广场通向建筑的结束处设立了一座呈"Y"形的抗战纪念碑，碑高28m，它既是道路的对景，又表达抗争的一种象征性的结束，一种胜利的纪念。

I.1.04
中国人民解放军海军诞生地
纪念馆

主要设计人员：齐康、张彤、黄印武等

作品地点：江苏省泰州市

项目功能：纪念馆

设计与建造时间：1998.9 — 1999.4

工程规模：2940m²

建设单位：泰州市人民政府

合作设计单位：南京市建筑设计研究院

获奖情况：1.2000 年度建设部优秀勘察设计二等奖

2.2000 年江苏省城乡建设系统优秀设计一等奖

3.2000 年度南京市优秀（建筑工程）设计一等奖

西侧视镜

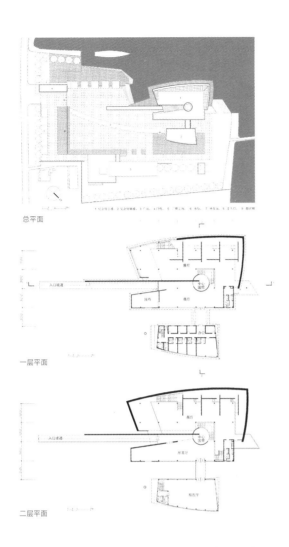

总平面

一层平面

二层平面

北侧独立跳台

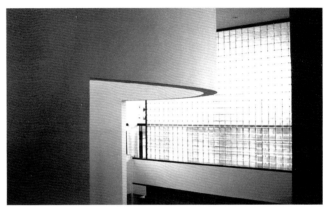

室内楼梯空间

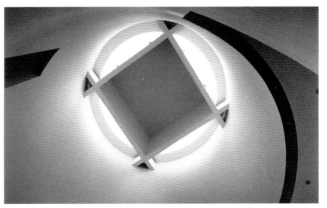

方与圆构成的光影

展厅天窗

项目建设是为纪念中国人民解放军海军诞生 50 周年。

空间的生成从 15 个 8m×8m 两层叠合的方块开始。最初的转化是将位于中间偏后的一个方块旋转 15°，它贯通两层，拔出屋面。在以后的设计中，一个圆筒替代这个转动的方块，保留了特殊，模糊了方向。这是整个形式系统中空无的中心。方块在圆筒的顶部复又出现，光从方和圆的间隙中洒落下来，使建筑的中心变得明亮而神秘。在圆弧形墙面和玻璃砖构筑的方格界面之间是连接上、下展厅的主要楼梯。

一道 7.25 m 高的花岗石墙体从中心直接冲出室外，在它的一侧是长达 44.66m 的坡道，它们切开方块组成的矩阵，把参观者从室外直接引入中心的虚无。

形式的另一次转化是关于界面的。方形矩阵的边界被剥离出来，异化为独立的墙体。向外倾斜，略呈弯曲。在这个特殊的表皮和规整的展厅之间，同样是贯通两层的空间。一系列白色混凝土薄片分别搭接在曲面和直面上，支撑起屋顶天窗，它们在透视方向上形成了一种转动的渐变，将光线格构出优美的韵律。

在这里，光和虚无再一次成为整形和特异之间的主题。是光的空间分离出特异，赋予形式转化以自然的诗意。

I.1.05
西藏和平解放纪念碑

主要设计人员：齐康、张宏、叶菁等
作品地点：西藏自治区拉萨市
项目功能：纪念碑
设计与建造时间：2001.3 — 2002.8
工程规模：3.6hm²（广场用地）
建设单位：西藏和平解放纪念碑筹建办
获奖情况：2003年度教育部优秀勘察设计一等奖

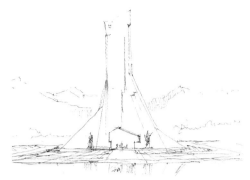

齐康院士草图

东北视景

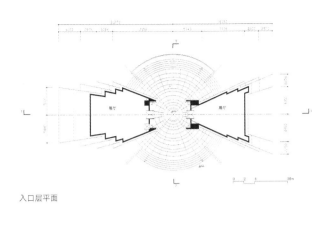

入口层平面

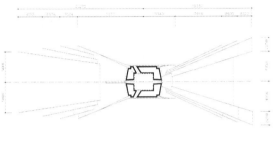

碑体段平面

北立面

从布达拉宫鸟瞰纪念碑与广场

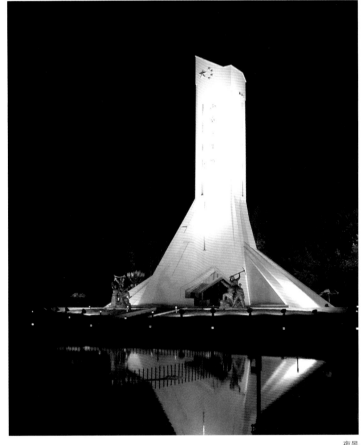

夜景

　　西藏和平解放纪念碑位于拉萨市布达拉宫南广场南端，西为文化宫，东为现有保留水面，南为自治区政府，北临幸福路。广场规划总用地面积约 3.6hm²。

　　碑体造型是从世界最高峰珠穆朗玛峰的形象上获得灵感，借用其高耸入云的气势，与天地同在的永恒性，以建筑化、抽象化的语汇来进行创作。纪念碑主体以灰白色为主色调，不过多装饰，挺拔、简洁，浑然一体，从气势上体现了西藏和平解放、农奴翻身做主人中所蕴含的伟大的具有世界性的精神，具有极强的震撼力与艺术感染力，意义深远。

　　纪念碑底部基座高 3m，采用草坡形式，结合跌落式片墙，使纪念碑犹如从大地中生长出来，庄严、神圣。前方设计有两组大理石群雕，以"西藏农奴翻身得解放"、"解放军进军筑路赞"为主题。

　　在纪念碑的细部处理上，碑身局部嵌入不规则的金色、红色镜面玻璃细带，与布达拉宫的色彩相呼应。入口门洞上方和基座处饰以带有地方风格的装饰和色彩，使整体造型更为成熟与完善。

　　纪念碑内部入口处上方以向上层层收缩的方式一直通到顶部，设有天窗，阳光透过各色玻璃，从上方及四面墙体上的条带窗中投射进来，给人以无限遐想，形成极富表现力和纪念性的空间艺术氛围。

I.1.06
浙江长兴大剧院

建 筑 师：马晓东、高庆辉、钱锋、曹晖等
作品地点：浙江省长兴县龙山新区
项目功能：文化观演
设计与建造时间：2002.7 － 2006.3
工程规模：16195 m²
建设单位：浙江长兴永兴建设有限公司
获奖情况：1. 2008 年中国建筑学会建筑创作奖优秀奖
　　　　　2. 2008 年度全国优秀工程勘察设计二等奖
　　　　　3. 2007 年度教育部优秀工程勘察设计一等奖
　　　　　4. 2007 年第四届中国威海国际建筑设计大奖赛优秀奖

中心庭院

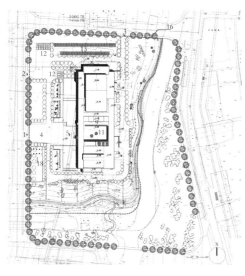

总平面

1. 剧院观众人行入口
2. 剧院观众车行入口
3. 剧院演员与
　 道具车行入口
4. 前广场
5. 入口坡道广场
6. 贵宾入口
7. 演职人员入口
8. 道具入口
9. 观众厅入口
10. 多功能厅、
　　电影厅入口
11. 中心庭院
12. 大巴停车
13. 小汽车停车
14. 北四环路
15. 文化公园
16. 用地红线
17. 104 国道
18. 半地下自行车库

西向全景

长兴大剧院始于一片天然河道与池塘星罗棋布，公园与绿地交织的水平宽广的江南水乡田园地景上。建筑以一条水平方向上的连续"线"定义出新的轮廓，从自由的自然景观中"凸现"出来，"平缓"、"谦逊"地融合到其中，成为天、地、水之间的另外一条"水平线"。

总体布局沿南北向拉开，并在其中设置整座建筑的公共室外客厅——中心庭院，表达出对地方民居的意向关联。庭院开口部与基地东侧的104国道、西侧文化公园的中心和远处的图书档案馆开口部形成一条东西开放视廊，将中心区空间整体串联一体，简洁明晰的几何体又以一个"标示点"，与行政中心、图书档案馆以及文化公园共同定义出中心区结构。庭院北侧单元容纳剧场观众厅、大堂、休息厅及后台设施，南区则容纳了三个电影厅和一个多功能厅，两区之间以架空的6m 标高半室外大平台便捷地联系。

此外，设计也对光线对室内空间的影响作为要素予以考虑：或通过设置电动开启天窗和高侧窗引入光线来加强公共空间的自然采光和通风，或在东西向玻璃幕墙外侧采用智能可调木百页来遮挡太阳辐射和调节光通量，这些措施决定了光线的入射方向——顶部或侧面、角度与进入方式——直射或漫射、以及数量——采光口的大小等对空间产生的不同影响。

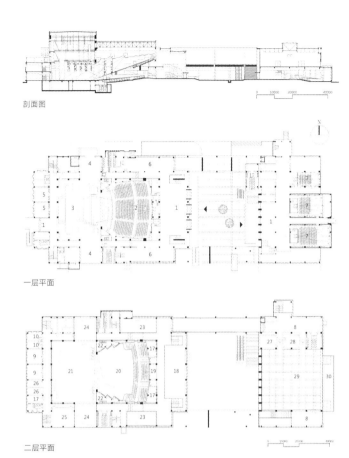

剖面图

一层平面

二层平面

1. 剧场门厅 2. 观众台 3. 主舞台 4. 侧台 5. 声控室 6. 放映间 7. 电影院 8. 休息厅 9. 大化妆间 10. 小化妆间 11. 贵宾接待室 12. 电影院门厅 13.216座电影院 14.121座电影院 15.80座电影院 16. 展厅 17. 空调机房 18. 门厅上空 19. 服务台 20. 观众厅池座上空 21. 主台上空 22. 耳光室 23. 休息厅上空 24. 侧台上空 25. 小排练厅 26. 办公室 27. 储藏室 28. 设备室 29. 多功能厅 30. 屋顶平台 31. 天桥 32. 大排练厅 33. 调光柜室 34. 舞台机械控制室 35. 音效控制室 36. 控制室 37. 多功能结构层

光与楼梯

剧院大堂

I.1.07
浙江美术馆

建 筑 师：程泰宁等
作品地点：浙江省杭州市
项目功能：美术馆
设计与建造时间：2004 － 2008
工程规模：31550m²（地下 15338m²）
建设单位：浙江美术馆筹建办
获奖情况：1.2015 年全国优秀工程勘察设计奖银质奖
　　　　　2.中国建筑学会国庆 60 周年建筑创作大奖
　　　　　3.2009 年度全国优秀工程勘察设计行业奖一等奖
　　　　　4.2009 年度浙江省建设工程钱江杯奖（优秀勘察设计）一等奖
　　　　　5.2008 年中国机械工业集团科学技术奖二等奖
　　　　　6.2008 年度获第 5 批全国建筑业新技术应用示范工程
摄影：陈畅、赵伟伟、姚力等

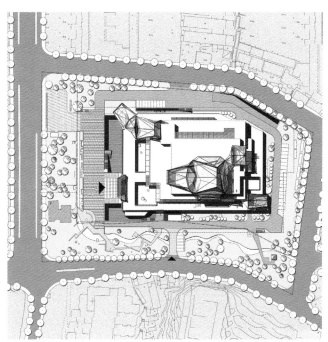

总平面图

程泰宁院士草图

24

烟雾雨中的美术馆、雷峰塔和西湖

程泰宁院士草图

程泰宁院士草图

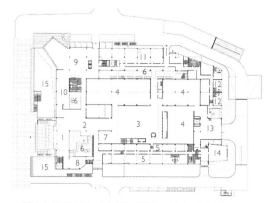

一层平面：1.门厅 2.过厅 3.中央大厅 4.展览厅 5.办公室 6.绿化庭院 7.多媒体演
示厅 8.贵宾厅 9.临时展厅 10.休闲茶座 11.教室 12.创作研究室 13.卸货间 14.多
功能厅 15.下沉广场

中央大厅

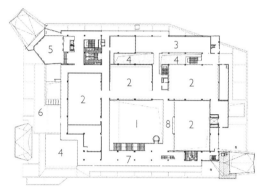

二层平面：1.中央大厅上空 2.陈列厅 3.专题陈列厅 4.庭院 5.休闲茶座 6.绿化观
景平台 7.休息廊 8.走廊

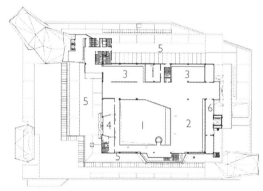

三层平面：1.中央大厅上空 2.陈列厅 3.专题陈列厅 4.贵宾接待及鉴赏室 5.绿化
景观平台 6.准备间

现代材料技术、现代的审美取向——表达江南建筑的文化韵味

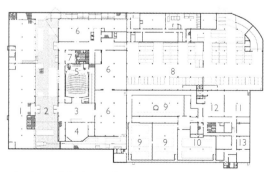

地下层平面：1.美术画廊 2.下沉广场 3.大厅 4.多功能厅 5.报告厅 6.临时展厅 7.贵
宾室 8.地下停车房 9.藏品库房 10.典藏库房 11.临时库房 12.准备间 13.修复间

山色空蒙—— 诗境、画境统一在现代中国的审美理想之中

秀美的西子湖畔，苍翠的玉皇山麓，浙江美术馆选址于山水之间，环境条件十分优越。

设计从书法、水墨画、江南传统建筑和西方构成雕塑中寻找通感，以期与自然环境、人文环境和现代审美理念取得和谐统一。建筑体量依山形展开，并向湖面层层跌落，起伏有致的建筑轮廓如同山体的延伸，自然而然地融入环境背景中。黑色犀顶构件与大片白墙的色彩对比、多面坡顶穿插的造型手法，在似与不似之间表达着江南传统建筑特征，如水墨画般流露江南文化的气质意韵。而钢构架、中空夹胶玻璃、石材等现代材料与技术的运用，由坡顶转化而成的屋顶锥体与水平体块的穿插组合，又使建筑极富现代感与雕塑感，符合现代的审美理念。

浙江美术馆如同一幅一气呵成的现代水墨画，在江南烟雨迷蒙中，诉说着现代中国的审美理想。

由二层通往三层展廊

I.1.08
东晋历史文化暨江宁博物馆

建 筑 师：王建国、王湘君、徐宁、朱渊等
作品地点：江苏省南京市
项目功能：文化
设计与建造时间：2007.7 － 2011.12
工程规模：7480m²
建设单位：南京市江宁区文化局
获奖情况：江苏省优秀工程设计奖一等奖
摄影：吕恒中等

入口广场

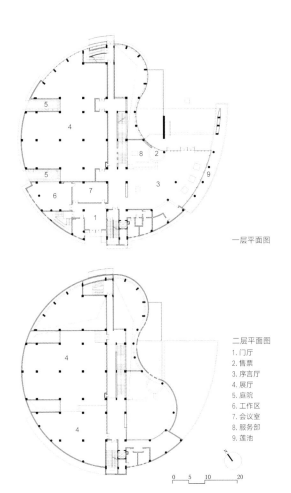

一层平面图

名主入口夜景

二层平面图
1. 门厅
2. 售票
3. 序言厅
4. 展厅
5. 庭院
6. 工作区
7. 会议室
8. 服务部
9. 莲池

0　5　10　　20

东晋历史文化暨江宁博物馆位于南京江宁中心区的竹山东麓，北临外港河，东接竹山路，南与居住区相邻，用地呈不规则状。

设计构思主要基于对当代博物馆学发展概念和趋势的理解、对建筑之于特定环境文脉和场地地形的解读、对现代博物馆建筑空间组织原则的运用等三个方面。

建筑形态设计主要受到特定场地环境的启发而采用对话环境的策略。设计将博物馆主体建筑向西南部后退，采用地下为主的集中式建筑布局，以缩减场地地坪标高上的建筑体量；建筑体型采用最易于统筹和协调复杂场地关系的圆形形态组合，较好回应了竹山及河道的自然形态。在方圆、虚实、水平与垂直向的对比之间营造环境与主体建筑的拓扑张力关系，寓意"天圆地方"，并呼应古江宁"湖熟文化"聚落台形基址的特征。同时，建筑处于周围众多建筑的高视点可及的视野范围中，因此特别考虑了建筑第五立面相对于竹山和外港河自然要素的尺度适宜性和景观。

鸟瞰

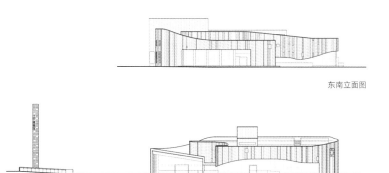

东南立面图

东北立面图

文化建筑

29

I.1.09
中国海盐博物馆

建 筑 师：程泰宁等
作品地点：江苏省盐城市
项目功能：博物馆
设计与建造时间：2007 － 2009
工程规模：17800m²
建设单位：江苏省盐城市建设局
获奖情况：1. 2013 年度全国优秀工程勘察设计行业奖二等奖
　　　　　2. 2011 年中国建筑学会建筑创作奖佳作奖
　　　　　3. 2010 年度浙江省建设工程钱江杯奖（优秀勘察设计）一等奖
摄　　影：赵伟伟等

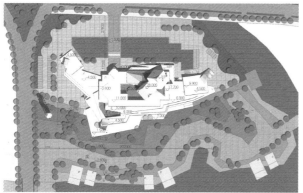

总图

清晨的主入口

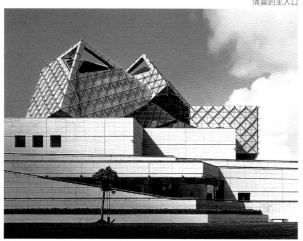

主入口

程泰宁院士草图

沿河建筑全景

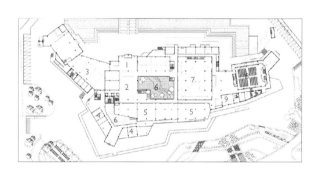

一层平面
1. 门厅 2. 过厅 3. 中央大厅 4. 展览厅
5. 办公室 6. 绿化庭院 7. 多媒体演示
厅 8. 贵宾厅 9. 临时展厅 10. 休闲茶
座 11. 教室 12. 创作研究室 13. 卸货
间 14. 多功能厅 15. 下沉广场

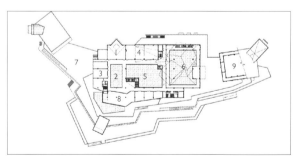

二层平面
1. 中央大厅上空 2. 陈列厅 3. 专题
陈列厅 4. 贵宾接待及鉴赏室 5. 绿
化景观平台 6. 准备间

立面与剖面

　　中国海盐博物馆以展示海盐文化为主要功能，并辅以办公、商业以及公共服务设施。

　　盐城市曾是我国古代海盐最大的生产基地，如何将这种历史文化元素融入设计是我们探索的课题。因此，从文化切入，建筑造型是海盐结晶体的演绎——旋转的晶体与层层跌落的台基相组合，就像一个个海盐晶体在串场河沿岸的滩涂上自由散落。建筑造型独特，与城市环境和历史语境相吻合。

I.1.10
龙泉青瓷博物馆

建　筑　师：程泰宁等
作品地点：浙江省龙泉市
项目功能：博物馆
设计与建造时间：2007 — 2012
工程规模：10000m²
建设单位：浙江省龙泉市文化文电新闻出版局
获奖情况：1. 2014 年中国建筑学会建筑创作奖入围奖
　　　　　2. 2015 年城建集团杯·第八届中国威海国际建筑设计大奖赛优秀奖
摄　　　影：赵伟伟、陈畅等

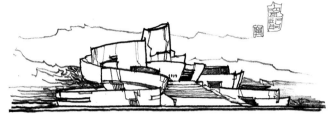

程泰宁院士草图

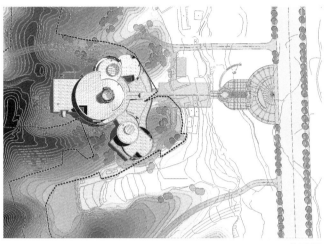

总平面图

　　项目基地由两个平缓的山脊以及中间的洼地构成，基地后连绵的山体为建筑提供了优美的环境背景。

　　龙泉青瓷久负盛名：极盛时，曾有"山、水、窑、村"交错共生的盛景。明清后青瓷生产逐步衰落，加之千百年岁月侵蚀，如今在龙泉，是漫山遍野散落着坍塌的窑体、断裂的匣钵，以及大量的青瓷残体与碎片。历史不会折返，但我们希望坐落于此的博物馆，可以记录历史的沧桑、展示湮没的辉煌、再现建筑与自然共生的田园意境，并在"心灵境界"上带来慰藉与感悟。

　　因此，在特定的环境中，建筑以"瓷韵——在田野上流动"为创意，以一种非建筑的手法来表达这一博物馆的形象，如同考古发掘中层层叠叠的青瓷器物破土而出，自然地放置在田野之中。

建筑从山体中"生长"出来

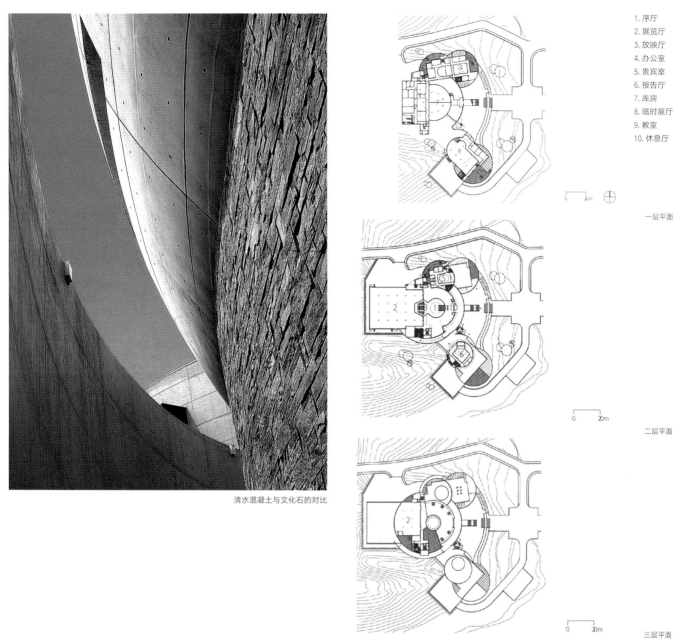

1. 序厅
2. 展览厅
3. 放映厅
4. 办公室
5. 贵宾室
6. 报告厅
7. 库房
8. 临时展厅
9. 教室
10. 休息厅

0   20m

一层平面

0   20m

二层平面

0   20m

三层平面

清水混凝土与文化石的对比

光影丰富的内庭院

I.1.11
南京博物院二期工程

建 筑 师：程泰宁、王幼芬等
合作单位：江苏省建筑设计研究院有限公司
作品地点：江苏省南京市
项目功能：博物馆
设计与建造时间：2008 － 2013
工程规模：84500m²
建设单位：南京博物院
获奖情况：2016 中国建筑学会建筑创作奖银奖
摄 影：张广源、赵伟伟、陈畅等

从新建的非遗馆看老大殿与远山

鸟瞰

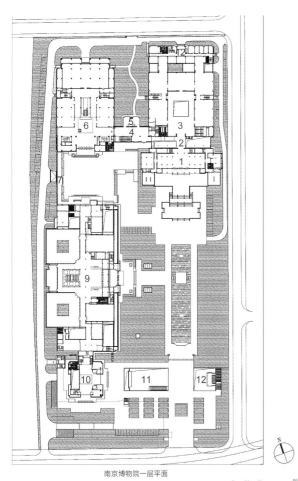

南京博物院一层平面

南京博物院地下一层平面

一层平面
1. 老大殿
2. 过厅
3. 历史馆
4. 观众休息厅
5. 休闲茶座
6. 特展馆
7. 连廊
8. 后勤用房
9. 原有艺术馆
10. 游客服务中心
11. 下层广场
12. 研办公区

地下一层平面
1. 地下机械车库
2. 餐饮区
3. 非遗展示区
4. 下沉广场
5. 地下过街通道
6. 非遗馆
7. 民国馆
8. 采光长廊
9. 原有艺术馆
10. 数字化博物馆
11. 大巴停车场
12. 特展馆
13. 观众休息厅
14. 老大殿御书房
15. 绿化庭院
16. 历史馆
17. 科研办公区

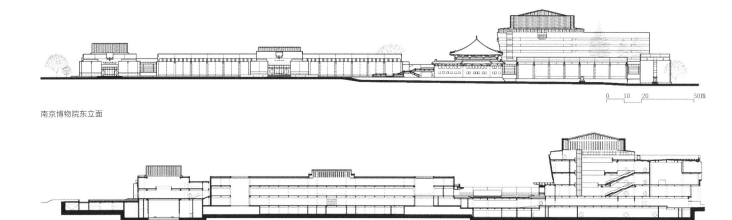

南京博物院东立面

南京博物院

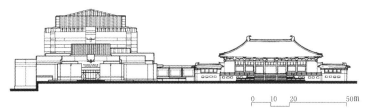

南京博物院南立面

艺术馆主立面

特展馆

特展馆中庭

南京博物院位于中山门内，背倚紫金山，东邻古城墙。原建筑主展馆（俗称"老大殿"）1935 年开工，由于抗日战争，直至 1952 年方建成使用；1999 年加建艺术馆；2004 年，南京博物院二期改扩建工程启动。

这是一个重要的改扩建项目。梁思成、杨廷宝、刘敦桢及徐敬直等中国老一代建筑大师先后主持或参与过项目的设计建设，建筑可称"经典"。另外它也承载着城市的历史记忆。我们怀着尊重与敬畏之心，将新馆创作视为"南博"历史传统的延续。因此，改扩建方案的设计理念是：补白·整合·新构。

"补白"：扩建的新建筑以谦逊的姿态，恰如其分地镶嵌在场地中，与不同时期的老建筑和谐对话，并使建筑整体与场地环境协调契合。

"整合"：从新老建筑的功能布局、交通流线、内外部空间、建筑造型及展览与休闲功能等五个方面进行整合梳理，使博物院建筑达到一体化。

"新构"：重点通过对中轴空间、建筑形式、环境景观等的创新塑造，使新旧建筑有机融合。建筑语言的运用摆脱了程式化的束缚，有所转化创新，传递出既古典又现代的全新特质。

保留的老大殿与新建的历史馆交接处

非遗馆

I.1.12
宁夏大剧院

建 筑 师：程泰宁等
作品地点：宁夏回族自治区 银川市
项目功能：观演
设计与建造时间：2009 — 2014
工程规模：49000m²
建设单位：宁夏回族自治区文化厅
摄　　影：赵伟伟、陈畅等

程泰宁院士草图

花开盛世

鸟瞰

宁夏大剧院地处银川人民广场东区，与文化艺术中心、博物馆、图书馆共同组成了广场的东面组团。

具有宁夏地域特色的伊斯兰文化传承是我们所重视的，因为这将使宁夏大剧院与其他剧院的建筑形象区分开来。我们以"花开盛世"为理念，通过将伊斯兰建筑中独具特色的曲线进行抽象、提炼，表达了"现代的、中国的、宁夏的"设计创意，把文化和调性、工业化生产方式和现代审美理想结合起来。

一层平面

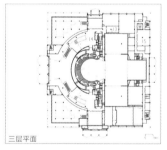

三层平面

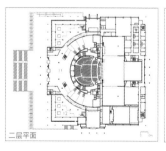

二层平面

地下层平面

1.主舞台 2.侧舞台 3.后舞台 4.多功能厅 5.休息厅 6.多功能厅前厅 7.送风静压箱 8.汽车库 9.绘景间 10.化妆间 11.前厅 12.内庭院 13.观众厅池座 14.休息厅 15.办公室 16.机房 17.主舞台台仓

西侧实景

I.1.13
中国国学中心

建 筑 师：齐康、王建国、张彤、陈薇、袁玮、
　　　　　朱雷、雒建利、石峻垚、李宝童、
　　　　　严希、沈旸、蒋楠、习超等
作品地点：北京市
项目功能：综合性公益文化设施
设计与建造时间：2010.11 － 2016.8
工程规模：81362m²
建设单位：国务院参事室

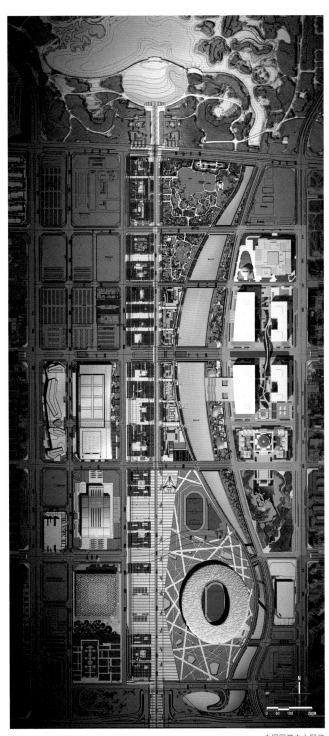

中国国学中心区位

中国国学中心是"十二五"期间国家重点建设的国家级、标志性、开放性的新型公益文化设施，位于北京市奥林匹克公园中心区，功能组成包括公共展陈、教育传播、国学研究、国际文化交流以及配套服务设施五大板块。项目建设以弘扬中华优秀传统文化、建设中华民族共有精神家园为建设宗旨；致力于研究和展现中华优秀传统文化所蕴含的道德、智慧、审美的丰富内涵及其当代价值，促进中华文化与世界文化的交流。

项目位居奥林匹克公园文化综合区轴向性公共空间的正中南端，串接起南部的公园绿地和北部延展至国家科技馆长达800m 的公共景观走廊。它是整个区域"中"字形公共空间系统的重要组成和关键环节，居中取正的区位充分凸显中华文化中正醇和的精神特质，并以此整合文化综合区的整体空间形态。

总图格局采用中国传统建筑最为壮丽的"门"型宫阙形制，以"Π"型裙楼环抱主体建筑，以东西两阙衬托中央耸立之势。与宫阙不同的是，这一空间格局在体现国家宏硕壮美之文化形象的同时，形成的是一系列亲民的外部空间场所，与文化综合区的公共空间系统衔接融合。

空间型制秉承东方哲学独有的宇宙图式和方圆几何形态，凸显中心感、对称性和象征意义。主要空间设计以国子监辟雍和曲阜孔庙杏坛为原型，彰显"圆桥教泽、传流四方"的宣导教化意义。

正南向视景

建筑造型以中国古典建筑最具特征的经典线型，即由斗栱承托从屋檐到柱身的静力学传力曲线为形式母题。在竖向的韵律中，自下而上呈现出由实到虚、由简而繁的渐次变化。以纯美之形态、升腾之韵律展现民族文化厚积薄发的精神气质。

中国国学中心的设计，展现了设计团队对中国传统学术和知识体系及其社会责任的理解。空间格局中正醇和，俯仰天地；建筑形态宏硕壮美，端方大仪。既传承了中国传统营造之智慧，又融合了中国文化的多种意象，体现了在当今时代中对中华传统文化的历史性审视。

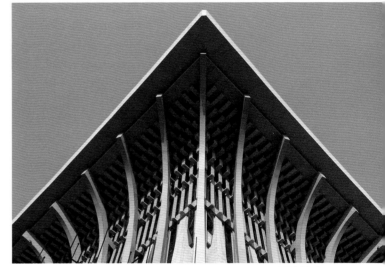

主楼角部视角

中国国学中心主楼近景

国学堂

坎一厅

国学堂展厅

坎一厅

东南视镜

西南视镜

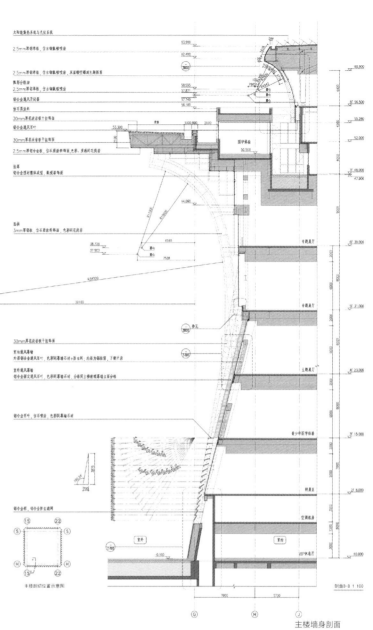

主楼墙身剖面

东南视镜

I.1.14
金陵大报恩寺遗址博物馆

建 筑 师：韩冬青、陈薇、王建国、马晓东、孟媛等
作品地点：江苏省南京市
项目功能：博物馆
设计与建造时间：设计 2011 － 2013，竣工 2015
工程规模：6.08 万 m²
建设单位：南京大明文化实业有限责任公司
摄　　影：陈颢、祥云工作室等

城市区位

金陵大报恩寺遗址博物馆鸟瞰

报恩新塔彩色塑性玻璃幕墙

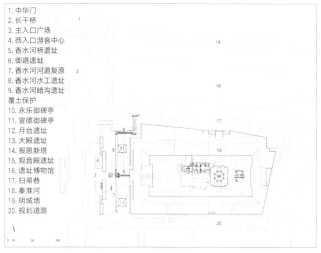

1. 中华门
2. 长干桥
3. 主入口广场
4. 西入口游客中心
5. 香水河桥遗址
6. 御道遗址
7. 香水河河道复原
8. 香水河水工遗址
9. 香水河暗沟遗址
   覆土保护
10. 永乐御碑亭
11. 宣德御碑亭
12. 月台遗址
13. 大殿遗址
14. 报恩新塔
15. 观音殿遗址
16. 遗址博物馆
17. 扫帚巷
18. 秦淮河
19. 明城墙
20. 规划道路

总平面图

地下配套服务层平面

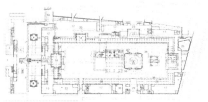

展厅层平面

展厅层平面图说明：
1. 主入口广场 2. 西入口游客中心 3. 莲池 4. 御道遗址 5. 香水河桥遗址 6. 香水河河道复原 7. 香水河水工遗址 8. 香水河暗沟遗址覆土保护 9. 永乐御碑亭 10. 宣德御碑亭 11. 主门厅 12. 序厅 13. 休息厅 14. 天王殿遗址 15. 水工遗址 16. 涵沟 17. 主题展厅 18. 油库遗址 19. 北画廊遗址 20. 古井 21. 宋代砖铺地及历代夯土断面层 22. 伽蓝殿遗址 23. 北门厅 24. 宋代砖铺地 25. 观众厅 26. 法堂遗址 27. 庭院 28. 南画廊复原 29. 南门厅 30. 报告厅 31. 消防通道 32. 临时展厅 33. 月台遗址 34. 大殿遗址 35. 塔基 36. 水池 37. 观音殿遗址 38. 天井

办公及服务层平面图说明：
1. 咖啡厅 2. 宋代砖铺地 3. 消防水池 4. 办公区门厅 5. 厨房 6. 餐厅 7. 庭院 8. 办公 9. 古井 10. 文物卸运入口 11. 天井

地下配套服务层平面图说明：
1. 预留联系雨花路西的地下通道 2. 备餐 3. 庭院 4. 简餐 5. 下沉广场 6. 游客服务大厅 7. 办公 8. 纪念品销售 9. 预留联系遗址公园二期的地下通道 10. 古井 11. 演出准备区 12. 地下机动车库 13. 报恩堂 14. 技术用房 15. 库房

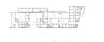

办公及服务层平面

天王殿遗址

伽蓝殿遗址

　　金陵大报恩寺是明代永乐年间在原宋朝寺庙范围基础上兴建的皇家寺庙。寺庙内藏有佛祖舍利的琉璃塔曾被喻为中世纪七大奇观之一，享誉世界。该寺庙于19世纪中叶毁于战火。金陵大报恩寺遗址公园位于中国南京市城南古中华门外，规划设计经历众多学者长期的考古发掘、研究、竞赛、调整和论证，至2011年在王建国、陈薇、韩冬青联合主持下基本定案。

　　金陵大报恩寺遗址博物馆是遗址公园的一期工程，是保护并展示大报恩寺遗址及出土文物、展陈汉文大藏经及相关佛教文化的大型博物馆。其设计理念基于两个关键问题：其一，如何在严格的遗址保护要求下，使遗址本体的信息得到最恰当的呈现，并与现代博物馆的多元功能相得益彰？其二，如何在形式风貌上恰当地建立起历史与当下的关联？建筑创作通过置于城市格局中的遗址连缀、地层信息的叠合判断、围绕遗址展陈的空间经营和基于技术创新的意象再现等策略，实现了在地脉和时态的关联中传承和创新的初衷。新塔的创意体现于四个方面：在历史和当代之间跨越；在真实和意境之间穿梭；在需求和创新之间平衡；在建筑与城市之间互动。

西入口

北画廊遗址

南京古代都城轴线、明城墙与大报恩寺遗址博物馆的格局关系

南画廊

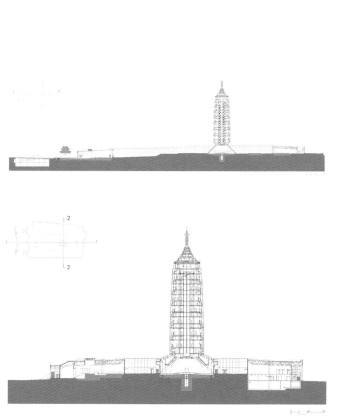

剖面

大报恩寺塔基遗址及地宫

I.1.15
黄岩博物馆

建 筑 师：程泰宁等
作品地点：浙江省台州市
项目功能：博物馆
设计与建造时间：2011 — 2017
工程规模：13380m²
建设单位：台州市黄岩区博物馆
摄　　影：陈畅等

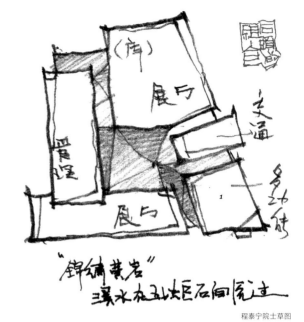

"锦绣黄岩"
溪水在五山巨石间院过

程泰宁院士草图

黄岩博物馆是以展示收藏为主要功能的中型博物馆。

设计以著名景点"锦绣黄岩"为创意的出发点，潺潺溪水在五块巨石间缓缓流过，生成了建筑的基本意象。五个不同功能的形体相互穿插，宛如流水般的连续玻璃屋面分隔并联系着五个体块，也为室内空间带来了柔和的自然采光。

建筑立面以实墙面为主，符合山石意象。从序厅行至中庭，沿扶梯而上，上空廊桥飞架，参观者仿佛穿梭于巨石之间。展厅流线迂回盘旋，空间内石梁横卧，让人联想到锦绣黄岩的胜景。

鸟瞰

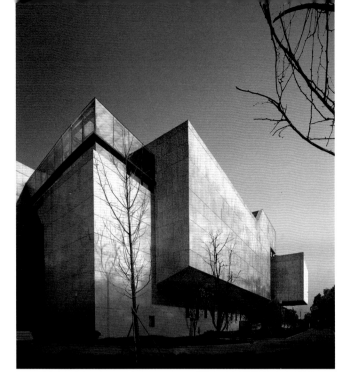

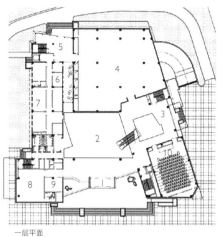

1. 门头
2. 前厅
3. 咖啡茶座
4. 临时展厅
5. 门厅
6. 办公管理区
7. 活动区
8. 贵宾室
9. 接待室
10. 报告厅

0   10m

一层平面

建筑细部

1. 中庭
2. 庭院
3. 休息厅
4. 基本陈列

二层平面

1. 中庭
2. 庭院
3. 展厅
4. 专题陈列
5. 藏品库房
6. 修缮室
7. 休息厅
8. 办公管理区
9. 贵宾接待室

三层平面

建筑东南角

西北方向视镜

I.1.16
苏州重元寺

设计人员：朱光亚、杨德安、俞海洋、李新建、周小棣、姚舒然、李练英、
　　　　　相睿、顾效、徐枚、周炜、薛峰等
作品地点：江苏省苏州市
项目功能：宗教建筑
设计与建造时间：2004 - 2007
工程规模：30703m²
建设单位：苏州工业园区重元寺开发建设管理有限公司
获奖情况：2013 年中国建筑设计奖（建筑创作）银奖

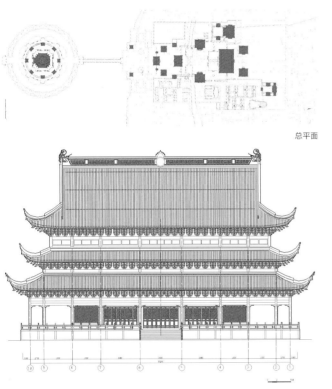

总平面

大雄宝殿立面

　　重元寺位于苏州东郊的工业园区阳澄湖畔，历史上的重元寺可追溯到梁，后屡毁屡建并于"文革"期间完全毁坏。为了延续原有历史文脉，完善苏州东郊景点布局，满足群众不断增长的精神文化需要，2003 年 11 月，江苏省人民政府办公厅和苏州市人民政府批复同意重建重元寺于苏州工业园区。

　　重元寺方案设计继承传统佛教建筑布局而弘敞过之，以容纳该地区众多的信众和大量于节假日蜂拥而来的游客。同时也努力适应现代寺院不断增长的使用要求及现代旅游景点的安全要求。

　　陆上以大雄宝殿为中心，佛、法、僧分区分明，轮廓线高低起伏。寺院中轴线南延经接引桥至水上观音院形成以观音阁为核心的水上观音院。内供奉 33m 观音主尊像。阁高 45m，作为阳澄湖南岸北眺时的标志性景点，阁外围以环廊，廊配八殿，全岛如莲花浮于水上。设计中在延续传统苏南水乡轻盈、飘逸的建筑风格的同时，探索发挥钢筋混凝土的优势，解决垂直交通问题，加大跨度，满足现代信众的瞻仰性需求，并提高结构的稳定性.

　　该设计总体上遵循了经典上有依据、历史上有传承、风貌上有特色、艺术上有创意、功能上有效应的原则。已建成的部分以关爱生命、度生护法为宗旨的佛教文化区，成为苏州工业园区及长三角地区群众喜爱的重要风景点。

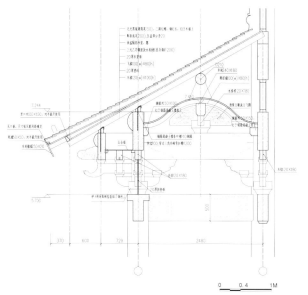

重元寺山门下檐详面

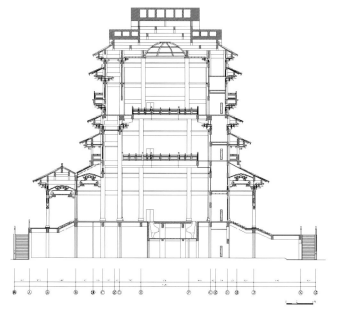

观音阁剖面

观音阁

山门和般若门

天王殿

I.1.17
南京市基督教圣训堂

建 筑 师：韩冬青、马晓东、石峻尧、高崧等
作品地点：江苏省南京市河西新城
项目功能：宗教建筑
设计与建造时间：2007.5 － 2013.3
工程规模：13611m²
建设单位：南京市河西开发建设指挥部

南京市基督教圣训堂选址在南京河西新城文化中心区内。新教堂的设计面临两个突出问题：第一，如何与同期设计建造的妇女儿童活动中心及周边环境和谐共处？第二，如何通过形态设计表现基督教文化和教义及当代基督教神学思想的内涵？

设计的起点始于对环境的整体分析。新教堂、妇女儿童活动中心和相邻的图书馆被视为一个整体，行为的连续性和视觉的连续性是控制场地规划设计的基本线索，通过空间的配置与整合将新建筑与既有的河流、步行桥、地铁站联结为新的意象鲜明的场所。

圣训堂的空间和形体特征首先来自其宏大规模与当代基督教倡导牧师与信徒之间的交互感之间的尺度冲突。主礼拜堂的空间格局叠加了当代基督教礼拜堂向心模式和传统礼拜堂长轴对称模式，温馨的围合与传统的仪典归于统一。池座与楼座的分布方法有效化解了场地不足的局限。上述策略自然催化了具有可识别特征的曲线形主形体。两个辅堂被置于由地面和缓上升的倾斜屋盖下。主堂与辅堂分别采用了与礼拜空间特征相适应的自然光策略。

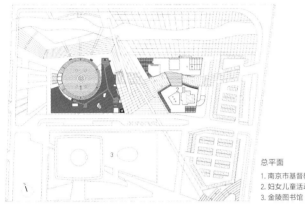

总平面
1. 南京市基督教圣训堂
2. 妇女儿童活动中心
3. 金陵图书馆

建筑东侧全景

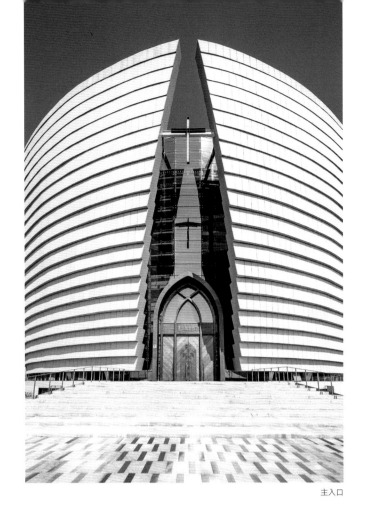

主入口

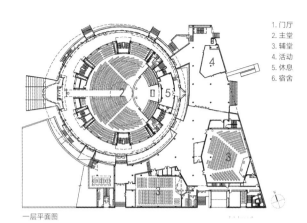

1. 门厅
2. 主堂
3. 辅堂
4. 活动
5. 休息
6. 宿舍

一层平面图

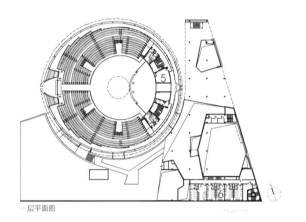

一层平面图

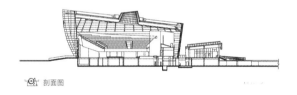

剖面图

建筑东侧局部

室内全景

53

I.1.18
南京吉兆营清真寺

建筑师：马晓东、韩冬青、高崧、孙颖智等
作品地点：江苏省南京市
项目功能：宗教建筑
设计与建成时间：2009.2 — 2014.1
工程规模：1307.9m²
建设单位：南京市伊斯兰教协会
获奖情况：1. 2015 年教育部优秀建筑工程设计三等奖
　　　　　2. 2016 年 WA 中国建筑奖社会公平奖入围
　　　　　3. 2017 年 UIA 国际建筑师协会首尔大会
　　　　　　"融合之间"参展作品

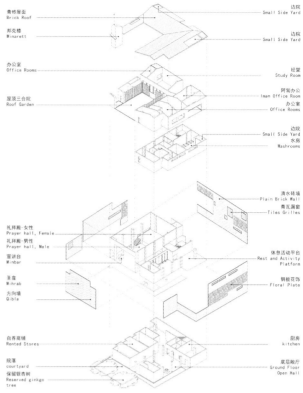

青砖屋面 Brick Roof	边院 Small Side Yard
邦克楼 Minarett	边院 Small Side Yard
办公室 Office Rooms	经堂 Study Room
屋顶三合院 Roof Garden	阿訇办公 Imam Office Room
	办公室 Office Rooms
	边院 Small Side Yard
	水房 Washrooms
	清水砖墙 Plain Brick Wall
	青瓦漏窗 Tiles Grilles
礼拜厢-女性 Prayer hall, Female	
礼拜厢-男性 Prayer hall, Male	休息活动平台 Rest and Activity Platform
宣讲台 Minbar	
圣龛 Mihrab	钢板花饰 Floral Plate
方向墙 Qibla	
自养商铺 Rented Stores	厨房 kitchen
院落 courtyard	底层敞厅 Ground Floor Open Hall
保留银杏树 Reserved ginkgo tree	

空间·功能·界面图

沿街透视

鸟瞰

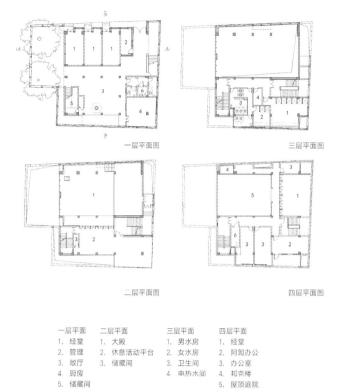

一层平面图　　　　　　　三层平面图

二层平面图　　　　　　　四层平面图

一层平面	二层平面	三层平面	四层平面
1. 经堂	1. 大殿	1. 男水房	1. 经堂
2. 管理	2. 休息活动平台	2. 女水房	2. 阿訇办公
3. 敞厅	3. 储藏间	3. 卫生间	3. 办公室
4. 厨房		4. 申热水间	4. 邦克楼
5. 储藏间			5. 屋顶庭院
6. 卫生间			6. 设备

　　吉兆营老清真寺是南京城北仅存的一座清真寺，也是一座中国回族传统院落式清真寺。原寺历经沧桑，已不能满足正常使用要求。在城市更新背景下，吉兆营清真寺翻建工程很大程度改善当地穆斯林的宗教活动与社会交往的场所，同时适应了城市发展，改善了城市环境。

　　在城市规划方面，新寺总体布局突破了关于退让与密度的通常规定，采取因地制宜的策略，除必要的退让道路红线，谨守旧寺原有边界。在调适邻里的同时，成功化解了功能需求增长与用地减少的矛盾，整合了城市空间的"碎片"。

　　在建筑设计层面，新寺采用了空间重塑和旧物新用的设计方法。首先，将传统清真寺水平组织的院落进行竖向叠加，以组织各功能空间。其次，礼拜空间利用原有树木，由内向封闭转变为内外融合，从而提供新的礼拜空间体验。最后进行建造材料重组，新寺恰当地保护和合理地利用老建筑遗存物件和老材料，以本土化的设计语言延续了历史的记忆，展现了伊斯兰文化与中国江南地域文化的有机结合。

老龛新殿

I.1.19
常州天主教堂

建 筑 师：郑炘等
作品地点：江苏省常州市
项目功能：宗教建筑
设计与建造时间：2009.10 — 2010.6
工程规模：3214m²
建设单位：常州天主堂
获奖情况：2016 年江苏省优秀工程设计二等奖

常州天主教堂位于常州市青枫公园西南角，茶花路与水杉路交汇处。

本项目分为东西两部分，西侧是教堂主体礼拜大厅，东侧是神职人员办公部分，期间有一座钟塔。礼拜大厅部分有两层，底层安排教友活动中心，圣经阅读室及图书室，会议室，教室，卫生间及储藏间；二层为礼拜大厅，人们可以从教堂南广场通过桥一般的室外楼梯跨过一横向水池直接进入，以高大的圣坛为终端。

教堂主体为钢筋混凝土预应力结构，门架与外围护壳体形成一个整体，包容了高大的礼拜空间。主体造型源自古代传教士遮蔽部分面孔的帽子，两侧的皱褶从形式上类似于哥特教堂的飞扶壁，事实上是在提示内部的门架结构，那可以说是翻转的飞扶壁。皱褶体上部将彩色玻璃圆窗分成两半，这些小窗与大厅屋脊上的天窗一起给这个神圣的空间带来迷离的光感。门架之间设有圣经故事画框，在圣坛的两侧画框的后面是小忏悔室。教堂正面与背面都设有十字架形的玻璃窗，可以开启以自然通风。

本工程以其壮观的体量，简洁而精致的细部，以及光的运用，表达了设计团队对基督教堂的理解。

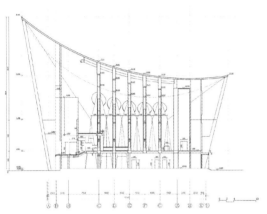

剖面

主入口透视

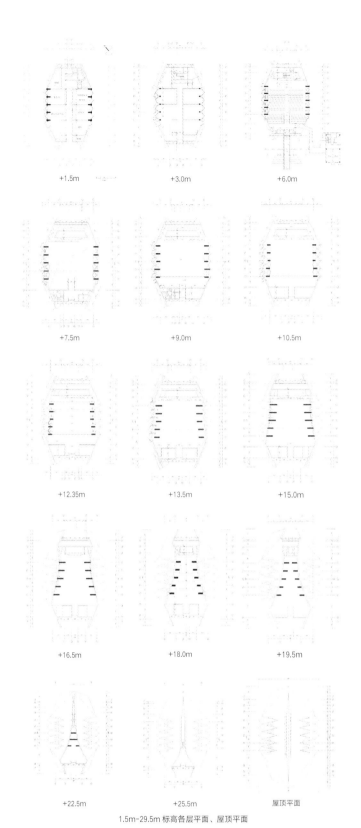

+1.5m　+3.0m　+6.0m

+7.5m　+9.0m　+10.5m

+12.35m　+13.5m　+15.0m

+16.5m　+18.0m　+19.5m

+22.5m　+25.5m　屋顶平面

1.5m-29.5m 标高各层平面、屋顶平面

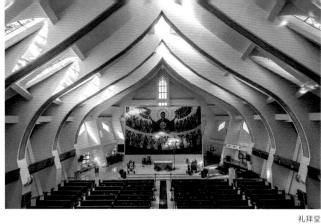

礼拜堂

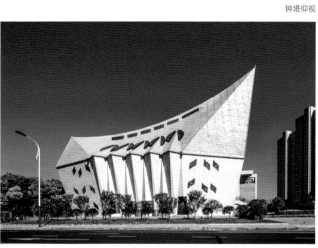

钟塔仰视

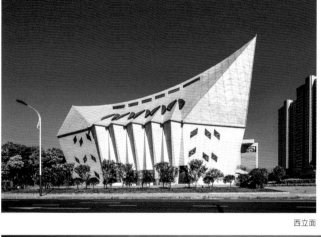

西立面

南立面

I.2 城市公共设施

I.2.01
南京国际展览中心

建　筑　师：高民权、马晓东、王志刚、刘圻、马进、万晓梅等
作品地点：江苏省南京市
项目功能：展览建筑
设计与建造时间：1998.2 — 2000.8
工程规模：108000m²
建设单位：南京国际展览中心
获奖情况：1. 2001 年江苏省优秀工程设计一等奖
　　　　　2. 2001 年建设部优秀勘察设计二等奖
　　　　　3. 2002 年国家第十届优秀工程设计银质奖
　　　　　4. 2009 年中国建筑学会建筑创作大奖入围奖

东南向透视

鸟瞰

主入口空间

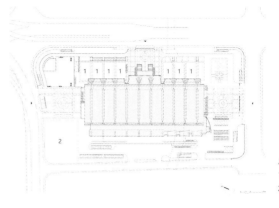
总平面图说明：
1. 室外展场
2. 预留酒店用地

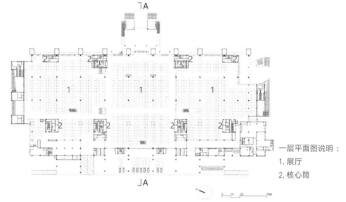
一层平面图说明：
1. 展厅
2. 核心筒

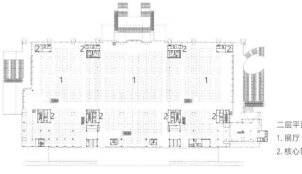
二层平面图说明：
1. 展厅
2. 核心筒

　　南京国际展览中心坐落在紫金山下、玄武湖畔，集展博览、商贸、会议、科技信息、旅游和餐饮等功能为一体。设计创作在探索建筑与城市空间、自然山水关联性的同时，注重追求高科技、高起点，以新材料、新技术、新工艺为依托，表达时代的特征，强调技术美学与建筑美学的统一。

　　经综合分析城市环境、规划、交通、消防等因素，总体布局设计采用了两层展厅单元式组合的方式，在有效地解决建设用地与规模矛盾的同时，合理满足了展览各项功能要求。建筑主体结构为现代钢结构，流线型的外部造型既与内部空间有机结合，又有利于自然通风。设计强调发挥钢、玻璃、石材等材料的性能、结构和构造的特质，体现了现代的建造技术。

玄武湖远眺

I.2.02
绍兴鉴湖大酒店设计

建 筑 师：杜顺宝、郭药、万邦伟等
作品地点：浙江省绍兴市
设计与建造时间：2003—2007
获奖情况：1. 2009 年度全国优秀工程勘察设计二等奖
　　　　　2. 2013 年中国建筑学会中国建筑设计奖（建筑创作）银奖

主楼入口与大堂外景

主楼餐饮部入口

　　柯岩景区的崛起与发展，促进了绍兴县旅游经济与城市建设的发展。2003年县政府决定在县城南面，以柯岩景区为依托，扩展成为40km²的旅游度假区，并兴建一个五星级的旅游宾馆作为配套设施。宾馆的基地选址在石佛景点的东侧。此处的寓山原是明代文学家祁彪佳的寓园所在。柯岩宾馆拟结合寓园的重建，建成一个独具水乡园林风貌的旅游宾馆，同时作为绍兴县的接待中心。柯岩宾馆主体拥有200间客房和全套餐饮与会议接待设施，同时设有娱乐中心，功能齐全，设施完善。建筑群采用低层分散式布局，以与柯岩景区环境谐调，并呈现灵秀的江南水乡风貌。建筑采用轻钢结构，造型富有时代气息。未来重建的寓园将成为宾馆的园林部分，并提升宾馆的文化品位。

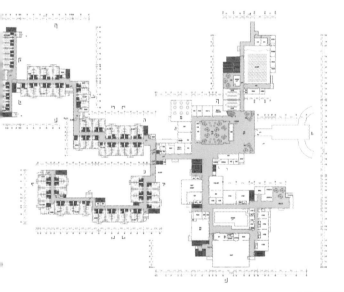

主楼一层平面

主楼外景

主楼东立面

主楼北立面

主楼主入口

I.2.03
中国近代史遗址博物馆
文化服务区

主要设计人员：齐康、杨志疆、寿刚等
作品地点：江苏省南京市
项目功能：文化型商业街区
设计与建造时间：2002—2004
工程规模：20000m²
建设单位：南京中国近代史遗址博物馆管理建设办公室
获奖情况：1. 2006 年度全国优秀工程设计银奖
　　　　　2. 2005 年教育部优秀工程勘察设计一等奖
　　　　　3. 2005 年度建设部优秀勘察设计一等奖

从太平路北看塔楼

2 号楼入口透视

中国近代史遗址博物馆文化服务区与"南京国民政府总统府"旧址仅一墙之隔，位于其西北侧，总占地面积约3.5公顷。在其用地范围内保留了多幢民国时期的老建筑，具有无可比拟的人文价值、文化价值和历史价值。

文化服务区的功能定位是"总统府"近代史遗址博物馆的配套服务设施，希望借助于这一地段在城市中所特有的文化属性及历史渊源来构筑成集餐饮、娱乐、休闲、观光于一体的，中高档次的文化型商业街区。

总统府旧址内现存的建筑无疑就是一部中国近代建筑发展脉络的百科全书，这里混合交织了从清末到民国的各个时期的多种类型的建筑样式。为此，我们通过提炼形态设计上的一些基本"原型"（如屋顶的形式、"拱券"和青砖的质感），再现了民国的精神，以及这种精神所传承的历史和文化，将过去、现在和未来交织在一起，令人遐想和沉思。

南侧街区入口外摆区

城市公共设施

5-6号楼西立面 - 南立面

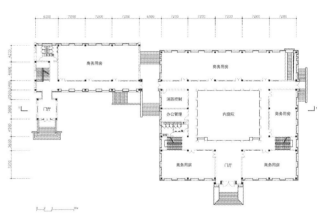

5-6号楼一层平面

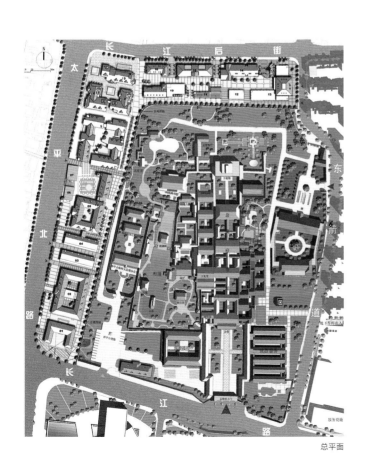

总平面

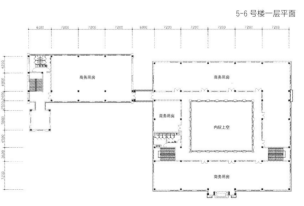

5-6号楼二层平面

63

I.2.04
镇江丹徒区
城市规划建设展览馆

建 筑 师：韩冬青、王正等
作品地点：江苏省镇江市
项目功能：规划展示
设计与建造时间：2006.2 － 2008.11
工程规模：3100m²
建设单位：镇江市丹徒区住建局
摄　　　影：吕恒中等

南侧视景

丹徒区城市规划建设展览馆选址于丹徒新区南北向的公共轴线上，这条绿轴北起丹徒区行政大楼，南抵市郊水库。项目设计的基本问题是如何在地形和缓起伏、河流贯穿、水塘密布的场地中，消解建筑与自然环境的二元对立，使建筑融入地形和环境，并成为激发市民活动的媒介。

呈现场地、消隐体积是项目设计的基本策略。利用基地与城市道路的高差，建筑被构想为一处水平展开的公共平台，建筑所需要的功能空间被安排在这个公共平台之下。步行桥跨河连接北侧道路与南岸公共平台，并通过一处可兼作露天讲坛的台地踏步与建筑南侧的地面层主入口联系起来。这条开放的公共步行流线与场地原有的穿越行路径联系起来，从而避开了展览馆闭馆时段的影响。这一构想避免了建筑孤立地占有原有公共场地和景观资源，将场地几乎完整地归还给了未来的游客，为他们创造了一处可以聚会、观景的高架公共平台，同时将场

地不同标高联系为一个整体。作为人工构筑的建筑形体在此得到消隐，屋面平台上突出的梯形采光盒以次一级的尺度和山石意象，进一步强化了自然的意趣。

一处温和而敏感的自然之地却不得不遭遇城市建设主题的碰撞。设计的过程潜伏着难以回避的批判性，同时却又必须在现有的条件下寻找有效的平衡方法。建筑形式是否可能转化为呈现场地的策略？这项设计是探讨这种可能性的一次尝试。

展馆夜色

总平面图

一层平面图

二层平面图

A-A 剖面图面图

穿越场地的河流

穿越场地的公共平台

I.2.05
南京鼓楼医院仙林国际医院基本医疗区

建 筑 师：高崧、曹伟、翁翊暄、刘弥、顾燕、孔晖、沈国尧等
作品地点：江苏省南京市仙林地区
项目功能：医疗、康复、培训
工程规模：医疗区（一期）104616m²
建设单位：南京仙林鼓楼医院投资管理有限公司
获奖情况：1.2015年全国优秀工程勘察设计行业奖一等奖
　　　　　　2.2014中国建筑学会建筑创作奖银奖
　　　　　　3.2014年度江苏省优秀工程设计一等奖
　　　　　　4.2009年第三届"建筑师杯"优秀建筑设计一等奖

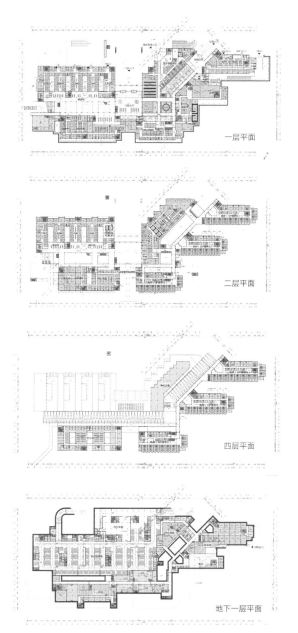

一层平面

二层平面

四层平面

地下一层平面

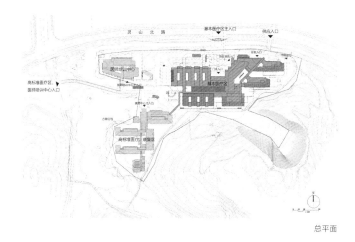

总平面

东侧鸟瞰

项目由四大功能区组成：高标准医疗、康复中心，基本医疗区，医师培训中心和平战结合地下车库。一期建设项目为基本医疗区。日门诊量 2000 人次，病床数 450 床。建筑高度21.35m，层数地上三~四层，地下一层。该项目于 2013 年竣工。

1. "显山露水" 的园林式医院

设计结合基地依山滨水之自然环境条件以及规划要求，采用水平延展的多层医院的模式。将大体量的医疗建筑依照山形水势，结合功能分区，化整为零，形成"医疗岛""培训岛""康复岛"三岛路桥相连的岛式布局。山水景观资源的渗透和视线通廊的引入，在使灵山、水库、医院、城市完美呈现"山水城林"这一南京城市特色的同时，也成就了南京鼓楼医院仙林国际医院园林式医院的特色。

2. 高效、人性的现代医院

基本医疗区（医疗岛）以医疗街为骨架，串联病房、医技、门、急诊等不同医疗功能，通过医疗街两侧穿插的系列庭院、中庭和大厅，形成室内外景观交融的公共空间，结构清晰简洁。设计引入医疗 mall 的概念，零售、电话、书刊、休闲餐饮、医疗咨询、健康讲坛等公共功能的纳入，使原来冰冷的医疗空间增添了人性、温暖的氛围。院落空间的设计，使主体空间获得自然采光通风的同时，也能感受无处不在的景观绿化。严格的医患分区，洁污分流，门诊区的医患分廊模式为现代医院的感控提供了良好的条件，配合先进的管理理念，使该医院成为高效、人性的现代医院。

3. 绿色、生态的可持续发展医院

采用适宜的主被动技术使医院的建筑设计达到国家了绿色三星标准。在建筑设计上采用适应原始地形的空间处理方法，最大限度减少场地的土方量，系列庭院设置、锯齿形折窗设计、水平向遮阳处理、医疗街顶部的外遮阳，适宜的窗墙比，建筑平屋面均采用绿化种植，使建筑获得良好的热工环境和微气候环境。在建筑设备上采用了众多适宜的节能技术，如雨水收集、中水利用、地源热泵、节水洁具等，从而使鼓楼医院仙林国际医院成为真正意义上的绿色医院。

4. 名院传承的外部形象

建筑群落通过适应地形高差而产生的跌落和沿城市道路的进退形成高低错落，进退有序的整体形象，水平舒展的建筑体量融于自然山水之中。入口部分汲取医院老建筑的符号意向，传承文化内涵。外立面采用米黄色锈石，木色千思板饰面，清爽温馨。病房采用落地锯齿窗，形成愉悦节奏与韵律感。面向庭院和自然山水的空间采用大面玻璃，引入自然景观。屋面采用平坡结合的形式，使建筑更好地融入周边环境。整体建筑风格清新雅致。细部处理精致，尺度宜人，与山水环境有机融合。

医疗街内景

病房楼外景

I.2.06
常州市武进第二人民医院门急诊病房楼

建 筑 师：袁玮、穆勇、林冀闽、石峻垚等
作品地点：江苏省常州市
项目功能：门急诊、病房楼
设计与建造时间：2007.2 — 2012.5
工程规模：39775m²
建设单位：常州市武进人民医院
获奖情况：1. 2013 年度全国优秀工程勘察设计行业奖二等奖
　　　　　　2. 2013 年江苏省城乡建设系统优秀勘察设计二等奖
　　　　　　3. 2015 年江苏省优秀工程设计二等奖

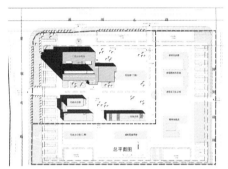

总平面

常州市武进第二人民医院门急诊病房楼项目位于江苏省常州市武进新城区。门急诊病房楼功能包括门急诊、住院部、药房、急救中心、医技、手术室等部分，主楼 12 层（含设备转换层），裙楼 4 层，住院部床位 364 床，门急诊满足 1100 人次 / 日以上的使用要求。

1. 简洁明快的外部形象表达医疗服务理念

地处武进新城，建筑风格以"整体大气，简洁有力"的理念体现公共医疗服务建筑的内涵和品质。不同功能的建筑体块和沿道路的虚实处理将不同体量空间统谐为一气呵成的整体。同时亦充分考虑了与城市干道之间的视距关系，远观有整体鲜明之印象，近看又有结合功能的细节设计。

建筑立面造型以竖线条为主，同时利用深浅两种立面材质的色彩对比，形成挺拔俊秀的建筑形象，体现出医院建筑的干练清爽和简洁高雅的气质。

现住院部入口外观

住院部东南角外观

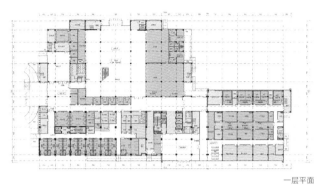

一层平面

二层平面

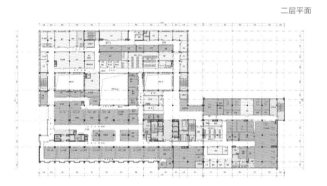

四层平面

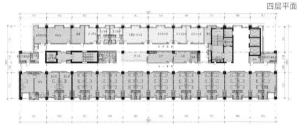

标准层平面

2. 复杂功能有机组织，体现紧凑、高效的设计目标

门急诊大楼使用功能多，流线复杂，本设计充分考虑了不同的医患服务、内部服务的人车流线，根据"使用便捷，动静分离"的原则进行规划和设计。功能相对独立的急诊区有独立便捷的出入口和流线安排。在公共空间内，满足复合功能需求。

3. 创造绿色医疗环境

以开放多元的公共医疗"社区"理念，从多层面创造便民、宜人的景观系统。门诊区域内部庭院有机组合绿色景观平台，入口等枢纽节点，让就诊人员利用内部环线自由通行，置身于多层绿色环境中候诊。

4. 新材料的使用

建筑室内外设计运用陶板、玻璃和石材，充分利用其各种材质，创造出亲和，宜人的室内外空间氛围，满足人性化的要求。

5. 实施智能化管理网络系统

利用现代数字化技术的信息管理优势，对医疗环境进行多层次、多时段、多对象的安全、灵活的管理控制。

门诊导医台室内

I.2.07
南京市妇女儿童活动中心

建 筑 师：韩冬青、马晓东、王正、穆勇等
作品地点：江苏省南京市
项目功能：文化活动
设计与建造时间：2007.8 － 2009.10
工程规模：19090m²
建设单位：南京市妇女联合会
获奖情况：1. 2015 年度全国优秀工程勘察设计行业奖二等奖
　　　　　　2. 2014 年度江苏省优秀工程设计设计一等奖
摄　　　影：耿　涛等

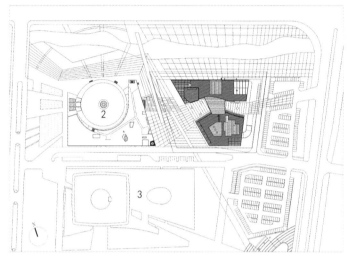

总平面图：
1. 妇女儿童活动中心
2. 南京市基督教圣训堂
3. 金陵图书馆

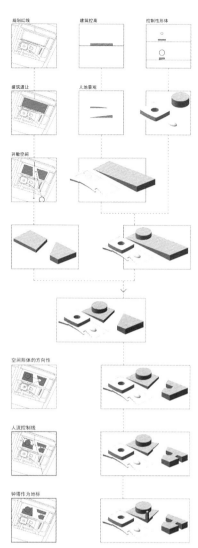

分析 形体与空间

鸟瞰

峡谷内景

平面图说明：
1. 餐厅
2. 客房
3. 活动
4. 培训

一层平面

二层平面

四层平面

　　南京市妇女儿童活动中心选址于南京河西新城文化中心区内，与同期规划设计的基督教圣恩堂共用一个地块，与南侧先期建成的金陵图书馆毗邻。项目设计的基本目标在于为妇女儿童提供一处室内外环境互通互动的公共空间场所，并且与地块内既有建筑形成良好互动，提升新城中心区的公共活力。

　　建筑与场地、邻近建筑以及更大范围内城市环境的整体建构是本项目的重要特征。设计从基地与周边城市环境的分析开始，按照公共空间环境优先的原则，运用地形学的设计策略，整体建构妇女儿童活动中心与相邻教堂和图书馆的空间和形体关系。妇女儿童活动中心东高西低的基本形体源自西侧教堂底座形体的延伸，穿越的"峡谷"空间强化了两者之间的空间关联，引导人群从不同方向汇集到这个文化区域。市民公共行为的连续性和视觉景观的连续性作为场地规划设计的基本线索，建立起更大范围的城市空间关联，通过空间与动线、景观的配置整合，设计将新建筑与场地周边既有的河流、步行桥、地铁站等环境要素联结为新的意象鲜明的开放性场所。

峡谷西入口

南向全景

I.2.08
绵竹市广济镇灾后重建公共建筑群

建 筑 师： 王建国、张彤、韩冬青、鲍莉、邓浩、周颖、万邦伟

作品地点： 四川省绵竹市

项目功能： 乡镇公共设施

设计与建造时间： 2008.7 — 2010.3

工程规模： 22156m²

建设单位： 江苏省昆山市援川工作现场指挥部，四川省绵竹市广济镇人民政府

获奖情况： 1. 2011 年度全国优秀工程勘察设计行业奖一等奖
2. 广济镇文化中心
2011 年江苏省优秀工程设计一等奖
2010 年江苏省城乡建设系统优秀勘察设计一等奖
3. 广济镇卫生院
2011 年江苏省优秀工程设计一等奖
2010 年江苏省城乡建设系统优秀勘察设计一等奖
4. 广济镇便民服务中心
2011 年江苏省优秀工程设计二等奖
2010 年江苏省城乡建设系统优秀勘察设计一等奖
5. 广济镇小学校
2011 年江苏省优秀工程设计二等奖
2010 年江苏省城乡建设系统优秀勘察设计一等奖
6. 广济镇幼儿园
2011 年江苏省优秀工程设计二等奖
2010 年江苏省城乡建设系统优秀勘察设计一等奖
7. 广济镇福利院
2011 年江苏省优秀工程设计三等奖
2010 年江苏省城乡建设系统优秀勘察设计一等奖

部分照片摄影： 耿涛、孙海霆等

绵竹市广济镇灾后重建公共建筑群为汶川地震灾后重建工作的组成部分。广济镇位于绵竹市西部，北依龙门山脉，在 512 特大地震中人员伤亡、房屋损毁惨重。灾后重建公共建筑群集中位于镇区中心的四个地块内，包括文化中心、便民服务中心、卫生院、小学校、幼儿园、福利院等公共民生设施。卫生院、小学校、幼儿园、福利院抗震设防烈度 8 度，抗震设防类别为重点设防类（乙类）；文化中心、便民服务中心抗震设防烈度 7 度，抗震设防类别为标准设防类（丙类）。

1. 统一规划 整体设计

由于广济镇的灾后重建，从镇域和镇区的总体规划到建筑单体，直至景观环境与室内空间的系统性规划设计均由东南大学完成，使得中心区重建项目有机会运用整体和系统的设计思想和方法，经由注重场所内涵的精心设计和场地自然要素的保护利用，实现广济镇灾后"乡土重建"的愿景。

广济镇公共建筑群设计运用了城市设计的工作方法，统筹整合重建后的市镇空间及其与总体规划的关系；城市设计创建了连续的街道界面、统筹建筑形式语言；结合镇行政服务中心、文化中心与小学校的主入口设置市民广场，成为镇区居民日常活动汇聚的场所；保留震后幸存的大树，将其巧妙组合进建筑的院落空间中。

2. 制宜技术 绿色策略

建筑布局充分考虑川西地区当地的气候条件，采用开敞式规整平面形式，强调以功能和经济性为前提的原则，通过性能化的遮阳和自然通风设计，保证建筑良好的自然通风采光性能，注重节能、环保、生态理念的体现。

通风和遮阳的性能化构造，以被动式方式改善建筑的性能，提高舒适度。它们不是附丽的构件，而是建筑立面不可分割的组成部分，甚至决定了空间形态的生成。建筑在性能化设计的目标和过程中获得了形态的特征和标志性。

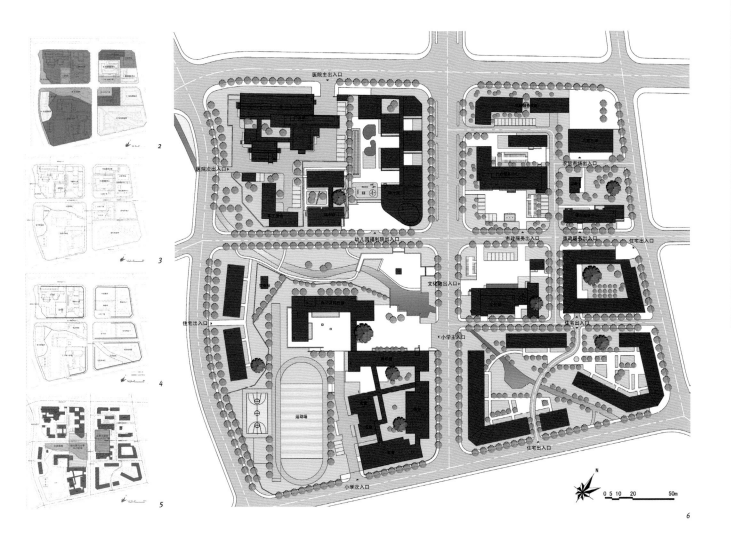

1 重建后的广济镇中心区鸟瞰
2 分析图：用地分化
3 分析图：用地红线与建筑控制线
4 分析图：街墙控制线
5 分析图：建筑体块组合与主要公共空间
6 总平面图

在街区设计导则的指导下，各单体建筑基本用材保持一致，构造做法相互协调，减少材料规格和构造种类，方便施工，合理加快工程进度。

3. 乡土材料 创新工艺

广济镇近山傍水，部分建筑材料具备就地取材的资源优势。本设计努力挖掘民间的营造智慧和建造工艺，并通过设计创新将其运用于援建项目中。

在小学校的设计中，由当地常见的普通烧结多孔砖砌筑的清水空格砖墙成为走廊、庭院等半室外空间的特征性围合。为达抗震要求，设计在砌块搭接处穿入纵向钢筋，并用水泥砂浆浇实，横向也埋入了钢板，增强了砌体镂空构造的刚度和整体性。

卫生院和小学校设计根据不同尺度的空间需求，选用当地盛产的卵石砌筑墙体，还尝试了钢筋石笼墙的做法。

川西盛产竹子，当地民居中有很多应用竹材和木材的乡土做法。在卫生院、幼儿园、福利院等多个项目中，塑木混成的人工"绿可木"延续竹木这种特征性地方材料赋予建筑的亲和感。在以白色为主色调的建筑群中，增添了材质的变化和色彩的层次。

在整体连贯的项目组织下，通过整合市镇空间的城市设计、因地制宜地技术策略、协调统一的材料做法，广济镇中心区的公共建筑群体现出突出的系统性、整体性和安全性，形成了具有显著城镇空间特征并保留乡土气息的新市镇环境。投入使用以后，得到江苏省、四川省灾后重建指挥部以及当地人民的一致好评。

广济镇文化中心

建 筑 师：王建国等

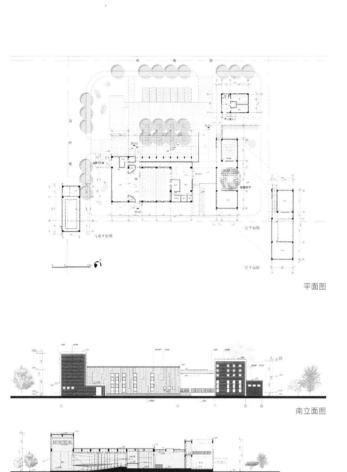

平面图

东立面庭院与场地保留的大树

南立面图

东立面图

文化馆东南侧视景

广济镇卫生院

建 筑 师：张彤、万邦伟等

沿街遮阳立面

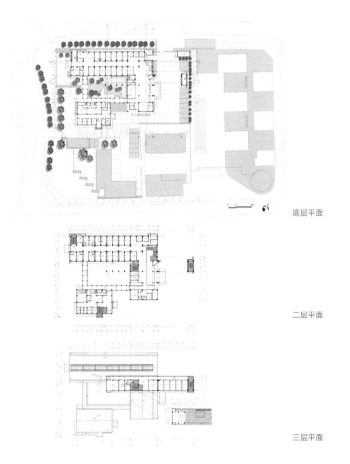

底层平面

二层平面

三层平面

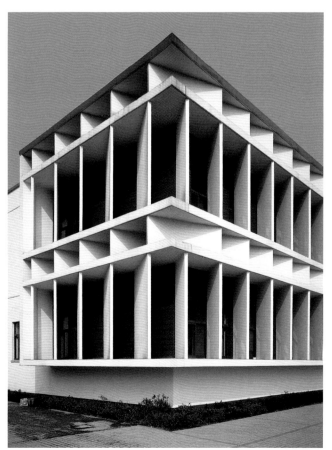

住院部

广济镇小学校

建 筑 师：韩冬青等

小学校入口广场

小学校内院

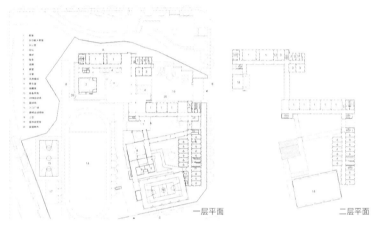

一层平面   二层平面   三层平面   四层平面

小学校操场及教学楼

广济镇幼儿园

建 筑 师：邓浩、万邦伟等

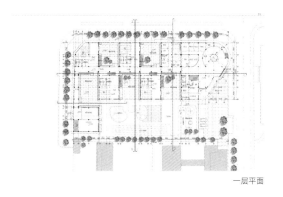

一层平面

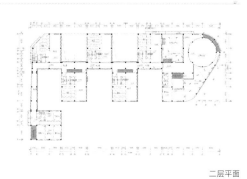

二层平面

建成照片

建成照片

建成照片

立面 - 幼儿园

I.2.09
南京殡仪馆搬迁工程

建 筑 师：朱雷、齐昉、龚恺 等
作品地点：江苏省南京市
项目功能：公共设施
设计与建造时间：2010.12—2013.12
工程规模：约 50000m²
建设单位：南京市殡葬管理处
获奖情况：2013 年度江苏省城乡建设系统优秀勘察设计二等奖
摄　　影：陈颖等

总平面

自悼念台望守灵桥

　　南京殡仪馆搬迁项目工程（又称"1231 工程"）为南京市二〇一〇年"十大民生工程"之一。

　　新馆馆址位于南京市雨花台区铁心桥街道马家店村西天寺墓园以南，大周路（京沪高铁）以北；基地主要为丘陵地带，三面环山，处南京城区西南下风侧。根据殡葬建筑自身特点，建筑延主轴线依次布置悼念区（含业务区），守灵区，火化区和骨灰纪念环；连接悼念、守灵与火花区的地下及半地下室为殡仪馆生产区。

　　设计提出"地景式"的建筑设计策略，以现代建筑的简洁形体介入自然地形，结合不同的功能要求和山体形势，分别形成"悼念台"（衔接山脚而起的悼念区）、"守灵桥"（横跨两侧山腰的守灵区）和"纪念环"（环于自然山巅的骨灰堂），以此应对当代殡葬建筑的公共性和服务性功能，并重新回应"以山为寝"的殡仪传统，获得相应的纪念性表达。

西南侧整体鸟瞰

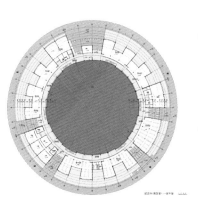

纪念环一层平面

纪念环 - 立剖面

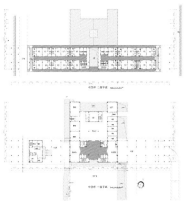

守灵桥 - 平面图

守灵桥 - 立剖面

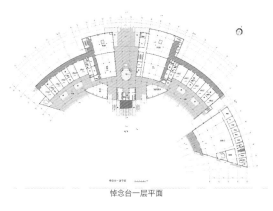

悼念台一层平面

悼念台 - 立剖面

自业务厅望悼念台

自西天寺墓园望纪念环

I.3 教育办公建筑
I.3.01
南京森林公安高等专科学校
主体建筑群

建 筑 师：韩冬青、冷嘉伟、王正、夏兵等
作品地点：江苏省南京市
项目功能：图书阅览、教学、实验
设计与建造时间：2001.12 － 2003.10
工程规模：45470m²
建设单位：南京森林公安高等专科学校
获奖情况：1. 2006 年度中国建筑学会建筑创作奖优秀奖
    2. 2005 年度建设部优秀勘察设计三等奖
    3. 2004 年度江苏省优秀工程设计一等奖

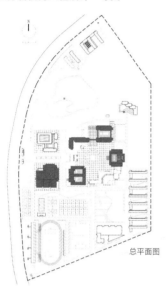

总平面图

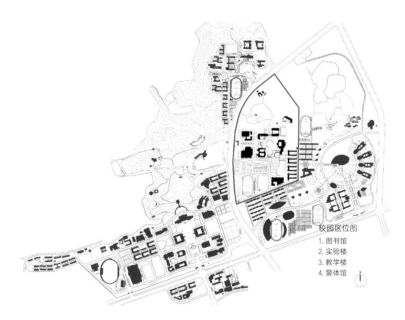

校园区位图
1. 图书馆
2. 实验楼
3. 教学楼
4. 警体馆

校园总体鸟瞰

校园主入口轴线

南京森林公安高等专科学校主体建筑群位于仙林大学城内，包括图书馆、公共教学楼和实验楼三幢主体建筑，三者围合成校园主广场，构成整个校园的核心。

校园与城市

校园的规划设计首先建立在对项目所处城市整体环境的调研和分析基础之上，其场地布局及建筑方位肌理选择等设想和决策充分考虑到与相邻的南京师范大学新校园及南京财经大学校园的相互谐调和整合，同时义适度地表达出自身应有的环境特色。

自然与人工

新校区独特的区位和地形地貌条件既为新校区建设提供了较为理想的前提条件，也要求新的环境建设应充分尊重自然。因地制宜，将对自然要素的侵入降至最低点，并形成新的优质环境，这一理念具体反映在充分保留原有的地形地貌特征、尽量减少土方工程、积极利用校园北部山林与南部水面景观、并进一步优化完整的绿色景观环境等方面。

秩序和氛围

学校的特定性质要求校园环境氛围一方面要体现与其职业性质相适合的威仪和理性，同时也要兼具大学学习生活和交往所应有的活泼轻松感。这一定位通过整体布局和建筑设计中轴线的交织和收放、对称性与非对称性的平衡，及硬质广场与柔性景观的结合等手法综合地反映出来。

图书馆主立面

图书馆门厅

81

I.3.02
南京森林公安高等专科学校
警体馆

建 筑 师：冷嘉伟、韩冬青、刘珏等
作品地点：江苏省南京市
项目功能：教学、训练、比赛
设计与建造时间：2002.6 － 2003.11
工程规模：14450m²
建设单位：南京市森林警察学院
获奖情况：1. 2005 年建设部优秀勘察设计二等奖
　　　　　2. 2005 年教育部优秀工程勘察设计二等奖

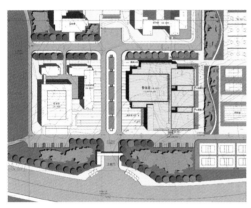

总平面

警体馆建筑设计是在新校区整体规划确立后展开的。设计首先要吻合校园的整体空间环境构架，其次要根据人才培养模式及其教学要求建立适宜的功能空间组织，第三要通过适宜节能的技术设计创造宜人的室内环境，并体现公安警体馆简洁而有力度感的个性特色。

体积的虚与实

警体馆的体积由内外两种约束而生成。第一种约束来自场地环境。警体馆从道路空间到建筑内部之间增设出一处过渡性空间，有效地达到了建筑形体表现与校园室外空间完形性之间的一种平衡。第二种约束来自使用功能。设计给主要的比赛馆、教学训练馆和教研用房赋予实体的表现，而连接各主要使用单元的大厅、廊道等交通附属空间则赋予其虚体的表现，这样的手法使建筑的形体完全吻合内部空间的要求，并使警体馆避免因内部功能的特殊性而丧失其与相邻建筑在尺度感上的一致性。

警体馆西北角全景透视

二层室内长廊

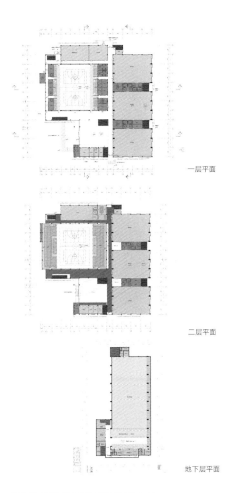

一层平面

二层平面

地下层平面

光线的引入与遮蔽

既定的使用要求带来了警体馆十分紧凑的布局，由此带来馆内的公共交通空间冗长单调且通风采光不足。设计在横贯东西的主要廊道的北侧设置了天窗，在廊道南侧，三个训练馆单元之间插入了两个内庭天井，给廊道带来自然的通风、阳光和绿色。相反，在警体馆的东西两侧，设计运用了双层墙体，外层独立墙体采用富有节奏和韵律感的竖向构件，起到遮挡东、西晒，令室内光线柔和，避免热辐射的节能作用。同时也遮蔽了独立式空调外机造成的零乱形式。

材质的黑与白

警体馆的材质选择来自校园整体和自身表现逻辑的双重约束：其一，单体的设计服从周边环境及校园整体的材质和色彩规划意向。其二，警体馆的外墙材质设计逻辑将外墙划分为基本形体和修饰性界面两类不同的性质。因此，校园主导建材最终选择了较为廉价的深灰色仿石面砖，同时配以浅灰色仿石面砖和灰白色涂料作为必要的调剂基本形体以深灰色仿石面砖饰面，这样不仅定义了建筑的自然环境特征与主要使用空间特征，也恰当反映了建筑的基本性格倾向。

主入口正立面

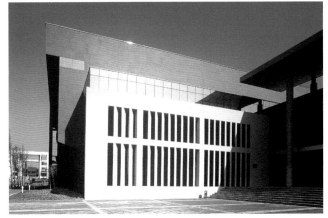

比赛馆休息廊外立面

I.3.03
独墅湖高教区东南大学
苏州研究院

建 筑 师：高庆辉、袁玮、孙霄奕、林冀闽、高崧等
作品地点：江苏省苏州市工业园区高教区
项目功能：教育科研
设计与建造时间：2007.8 — 2009.10
工程规模：61633 m²
建设单位：苏州工业园区教育发展投资有限公司
获奖情况：1. 中国建筑学会建筑创作优秀奖
　　　　　2. 2011年度全国优秀工程勘察设计行业奖二等奖
　　　　　3. 2010年度江苏省优秀工程设计一等奖
　　　　　4. 2010年度江苏省城乡建设系统优秀勘察设计一等奖
　　　　　5. 2010年度南京市优秀工程设计一等奖
　　　　　6. 第四届中国威海国际建筑设计大奖赛优秀奖

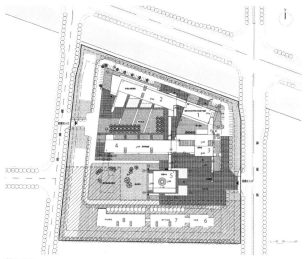

总平面图
一期工程：
1国际合作办学与东大科技产业园 2研究生培养用房 3教学楼 4科研实验楼5信息中心
二期工程：
6党政办公楼 7、8研发实验楼

小苏州·庭院

84

边 院·折叠

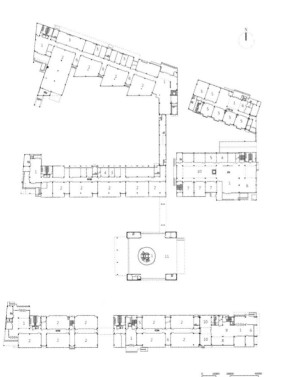

总一层拼合平面

1.门厅 2.实验室 3.实验准备室 4.教师休息室 5.办公室 6.休息 7.教室 8.院系成果展示区 9.党政办公楼 10.庭院 11.信息中心

东南大学苏州研究院坐落于新老苏州交界处，独墅湖畔的高教园区内，由国际合作办学、科技产业、教学实验、信息中心楼等八座建筑组成。绵长的湖面、静谧的河道与体育公园绿地交织一起，共同构成了一幅清静淡雅的图景。

设计意图营造一处既有着老城"小苏州"内敛的院落意境，又不乏当代教育建筑明朗化气息的场所：外部平行于道路形成水平向延展的城市界面，赋以造价低廉却不失苏州韵味的白色与灰色涂料，营造出"大苏州"的形象气质；而内部院落则以扭转、错动、延伸或折叠的空间秩序，变化出"边院"、"游廊"、"亭榭"、"檐下"、"美人靠"等一系列等小尺度的园林场景，与"小苏州"曲径通幽、折而不通、静谧幽深的人文意蕴形成微妙的关联。

空间领域包括东西长向容纳教学科研的"目的空间"，被赋以白色涂料与玻璃等"确定"的透明或不透明材料；南北向的步行廊道和信息中心则将前者联为一体形成"连接空间"，赋以U形玻璃、PVC板等"模糊"的半透明介质，暗示出场所的不确定性。

位于两条轴线交汇处，有着圆形采光中庭的信息中心楼是对本部四牌楼校区大礼堂穹顶建筑的类型"重构"，而底层完全架空则更加开放，它的存在既触发了师生对老校区的联想，也昭示着校园的未来。

大苏州·东向

游 廊·入口

I.3.04
人民日报社新大楼

建 筑 师：周琦、钱锋等
作品地点：北京
项目功能：办公
设计与建造时间：2009 — 2015
工程规模：138400m²
建设单位：人民日报社
获奖情况：1. 2016 年米兰国际设计奖（A' DESIGNAWARD）建筑类金奖
　　　　　2. 2016 年首届中国高层建筑奖最佳高层荣誉奖
　　　　　3. 2016 年第十届江苏省土木建筑学会建筑创作奖一等奖
摄　　　影：朱雨生、姚力、吕博等

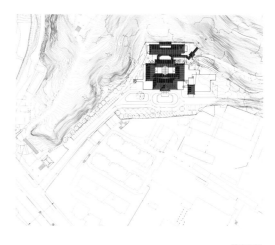

总平面图

全景

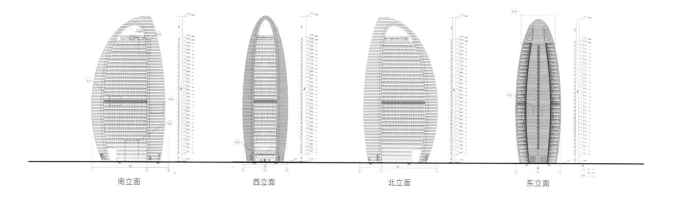

南立面　　　　　西立面　　　　　北立面　　　　　东立面

北京天际线

西侧夜景

　　项目位于北京 CBD 东扩区域内，是该区域体量最大、造型独特的标志性建筑。设计尝试在当代视野下演绎传统文化，同时在首都 CBD 方楼林立的格局背景中探索一种城市形态多元化的可能。项目采用了多项节能环保设计手段，使其成为一座节能高效，环境友好型的现代化媒体办公建筑。

　　该大楼为三个双曲面切割椭球体得到的三足鼎立的立体化的"人"字造型，通过规则的几何形体变化生成有机而动态的完美形状，围绕核心筒的公共交通空间联系起各个使用功能，形成开敞高效的办公空间。大楼外表皮采用釉面陶土棍，将曲面化整为零，内表皮为氟碳喷涂的金色铝板。陶棍的釉面材质在雨水的冲刷下可以自行清洁，减少了清洁的费用，同时在夏季时将大部分阳光反射，配合双层表皮间的空气流动间层，起到良好的隔热性能。

穹顶

演播厅

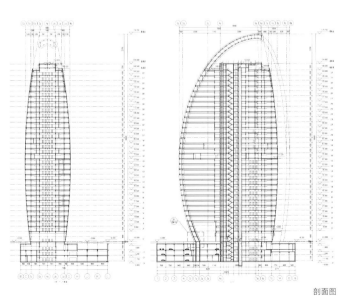

剖面图

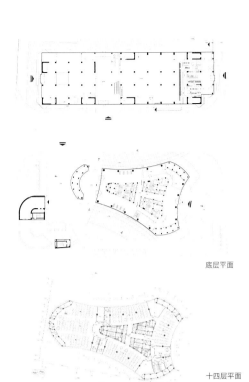

底层平面

十四层平面

典型层平面

一楼入口

一楼入口大厅

夜景

I.3.05
南京三宝科技集团物联网工程中心

建 筑 师：张彤、殷伟韬、杨冬辉等
作品地点：江苏省南京市
项目功能：科研办公
设计与建造时间：2010.7 — 2013.10
工程规模：21505m²
建设单位：南京三宝科技股份有限公司
获奖情况：1. 2015 年度全国优秀工程勘察设计行业奖一等奖
　　　　　　2. 2015 年度教育部优秀勘察设计一等奖
　　　　　　3. 2017 年 UIA 国际建筑师协会首尔大会"融合之间"参展作品
摄 　 影：姚力、耿涛等

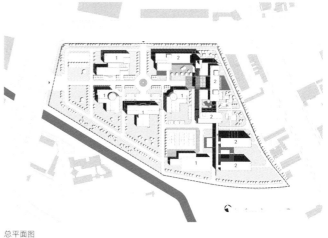

总平面图
1. 一期建筑
2. 二期建筑，物联网工程中心

主入口万物互联广场

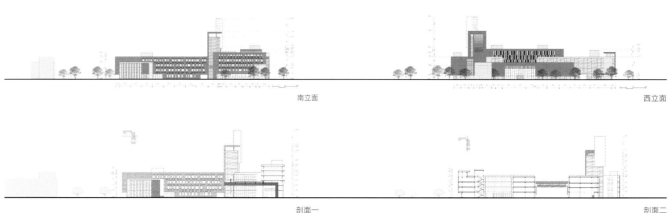

南立面　　　　　　　　　　　　　　　　　　西立面

剖面一　　　　　　　　　　　　　　　　　　剖面二

南京三宝科技集团物联网工程中心，位于紫金山东麓马群工业园区。本项目的设计是三宝科技园区一期建设的扩展与增建，是对园区及周边碎片化空间环境的修补、改造与整合。项目设计实践的是一种后锋性的弥补策略，称为"后城市化空间织补"，在迅猛粗糙的量化城市化造成的无序、破碎的新城肌理中，以谨慎的技术态度和能力，发现并建立肌理结构，织补断裂的空间环境，连接历史的印记与未来的发展。具体表现在空间织补与材质织补两个方面。

空间织补

建筑体形的组织从一期建筑群被遗漏的东北象限开始，通过 L 形的转折，闭合了从北入口进入园区的中心空间。同时通过将主楼与入口广场置于东西向道路的终端，揭示了园区中潜在的东西向轴线，并使其在从西入口开始的节奏变换中成为超过原有南北方向的主轴线。而位于东端正对西门的主入口广场，使这组从西门开始300m长的空间序列，有了一个仪式性的终端。

主入口万物互联广场

西立面的锯齿遮阳板

至此，园区外部环境的边界与中心、轴线与转接基本得以明确，空间的框架开始建立起来。

材料织补

建筑在对材料的组织中诠释存在，同时反映时空语境中的关系。物联网工程中心建筑群的立面主要由四种材质组成，分别是定制陶板（复合窗）墙面、框栅玻璃幕墙、金属网板遮阳表层与锯齿板遮阳立面。在园区的空间系统中，四种材质并没有单独地去围合不同的体量，而是成为空间织补的组织性元素，叠合成为一种经纬交织的结构，在可感知的物的层面，赋予空间交织以质感。

作为对原有园区总图和一期建筑不完整性的弥补，物联网中心的设计实践为存量城市环境的结构整合与空间质量提升提供了有益的探索。

主入口大厅

从北端报告厅看主楼

陶板复合窗立面局部

锯齿遮阳板立面局部

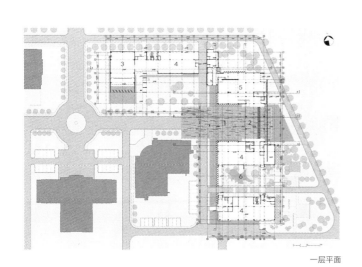

一层平面

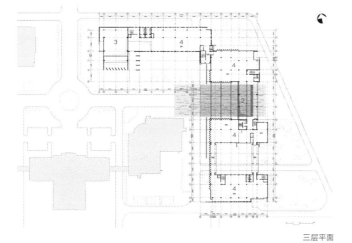

三层平面

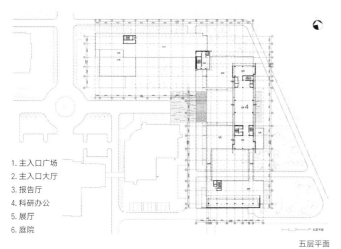

1. 主入口广场
2. 主入口大厅
3. 报告厅
4. 科研办公
5. 展厅
6. 庭院

五层平面

从报告厅门廊看塔楼

阅读者台阶正向视景

I.3.06
北京建筑大学大兴新校区
教学楼

建 筑 师：高庆辉、孔晖、袁伟俊等

作品地点：北京大兴

项目功能：教学科研

设计与建造时间：2010.10 － 2014.3

工程规模：17580m²

建设单位：北京建筑大学

获奖情况：1. 2015 年度全国优秀工程勘察设计行业奖二等奖

2. 2015 年度教育部优秀工程勘察设计一等奖

总平面图：

1. 机电楼

2. 电信楼

西向全景

西向近景

电信楼一层平面
1.报告厅 2.配电间 3.智能控制室 4.消防控制室 5.建筑照明实验室 6.建筑智能实验室 7.门厅
8.办公室 9.建筑供配电实验室 10.建筑电气专业实训基地

机电楼一层平面
1.管理室 2.汽车工程专业实验室 3.建筑施工装备与检测实验室 4.智能控制室 5.消防控制室
6.教室 7.门厅

本案位于北京建筑大学新校区中心景观区东侧地块，设计以北京传统民居——四合院的空间"类型"进行拓扑，采用两个简洁的条形体量，与基地东侧已建成的金工、电工电子实训中心，共同围合成半开敞的"三合院"，朝向西侧中心景观打开。建筑语言隐喻"书页"，形成竖向韵律的建筑语言，故而谓之"三合书院"。

两栋学院楼在功能上分为教学区域、实验区域以及办公区域。在建筑面积限定的前提下，尽可能地在同一空间内采用灵活性的设计以满足师生多功能需求：将满足交通功能的楼梯间局部放大，"加入"更多休息平台，成为师生课间健身休闲场所；将通高两层的大实验室室内"植入"不同尺度、易于拆卸的"盒子"，提供未来功能转变的可能性；将多媒体报告厅座席"嵌入"大会议桌，以满足报告与研讨不同需求。

在校方限价设计的前提下，建筑立面从已建成的金工、电工电子实训中心楼，提取灰色面砖与白色涂料这些造价低廉的材料，作为学院楼的主要外墙材料，并通过灰白形体的相互咬合、穿插、包裹，形成简洁动态的空间构图，既与实训中心"你中有我"、"我中有你"而融合一体，实现文脉关联；又以适度的个性，达到卓尔不群的效果。

西南全景

报告厅北向

95

I.3.07
南通师范高等专科学校
新校区图文信息中心

建 筑 师：蒋楠、陈宇、王建国、周玮等
作品地点：江苏省南通市
项目功能：教育建筑
设计与建造时间：2013.6 — 2015.12
工程规模：28369m²
建设单位：南通师范高等专科学校，南通市市级政府投资项目建设中心
获奖情况：2017 年度教育部优秀工程勘察设计三等奖
摄　　影：许锐等

总平面图：
1. 图文信息中心
2. 教学楼 A
3. 教学楼 B
4. 体育馆
5. 校史馆
6. 行政楼
7. 艺术楼
8. 宿舍楼
9. 食堂

　　南通师范高等专科学校是近代著名实业家张謇先生于 1902 年创办的我国第一所独立设置的师范学校，是中国师范教育的三大源头之一。新校区位于南通经济技术开发区高教园区内，为了体现百年老校的历史传承，校园规划以南通高师历史校园的书院格局为源点，通过垂直和水平两条轴线控制整个校园秩序，而图文信息中心即位于这两条轴线的交汇处，作为新校区的标志性建筑，在校园整体空间中具有起承转合的作用。

　　在全新的时代背景下，学校图书馆正逐渐从单一的借阅功能演变为信息媒体中心、多元学习中心、多功能交流中心以及

文化艺术中心。本案在这方面进行了探索，综合图书阅览、学术交流、科学研究、网络信息、行政办公、师生活动等多种复合功能于一身，成为名副其实的"多元学习交流共同体"。

　　从书院基本空间单元出发，依据传统书院的空间组织原则在水平与垂直两个方向上进行拓扑发展，并通过不同方向、标高、层级的空中院落平台将其多元功能有机组织在一起，形成立体书院与垂直院落。借助特色空间的营造，打造层次丰富、开放共享的交流场所，成为师生喜爱的"活动发生场"。

西南侧夜景

从中心水景看图文信息中心

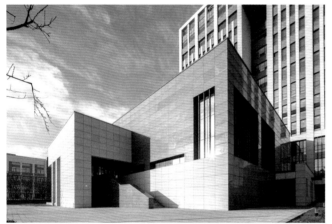

东北侧效果

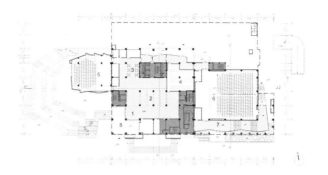

一层平面

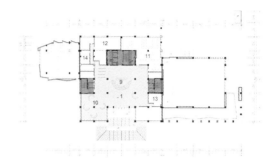

二层平面

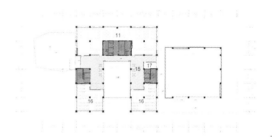

三层平面

平面图说明:

1. 门厅 2. 临时展览 3. 茶吧 4. 教材库 5. 小报告厅 6. 大报告厅 7. 休息廊 8. 休息平台 9. 总服务台 10. 检索区 11. 社科书库 12. 网络中心机房 13. 文印室 14. 广电中心机房 15. 休息 16. 阅览室 17. 管理

剖面

二层主入口门厅

I.3.08
南京市丁家庄社区配套幼儿园与小学

建 筑 师：马进等
作品地点：江苏省南京市
项目功能：教育设施
设计与建造时间：2014.10 — 2017.8
工程规模：13820m²
建设单位：南京安居集团
获奖情况：2015 年丁家庄住区项目获中国建筑学会主办的
　　　　　"全国人居经典方案竞赛"规划、建筑双金奖
摄　　影：侯博文等

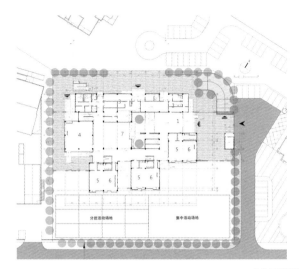

幼儿园建筑平面 1F

　　项目位于聚宝山北部的丁家庄居住片区中部，幼儿园为四轨制 12 班，小学为四轨制 24 班。

　　幼儿园设计采用了"庭院式"的布局，以幼儿活动室单元来组织模块，形成六个 12m 见方的正方形盒子。这些盒子被错落有致地插在基地里，辅助功能房间被尽量地摊开，增加了建筑密度，从而建立起建筑对于整个基地的统辖力。每个幼儿活动室"盒子"的立面由 700mm×1550mm 的混凝土格板构成，搁板进深为 700mm。混凝土格板之间填充的玻璃窗和实墙都可以在格板上设置在外侧或内侧，从而形成内外"壁龛"。外"壁龛"在建筑外观上形成有趣的内凹，而内"壁龛"则成为幼儿们搁放玩具的收纳空间。

幼儿园建筑平面 2F

幼儿园建筑平面 3F

幼儿园立面

小学鸟瞰

一层平面图

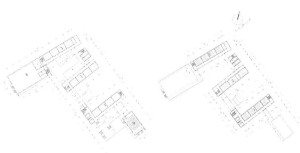

二层平面图　　　　　三层平面图

1. 普通教室(45人) 2. 专业教室(45人) 3. 多功能教室(135人) 4. 图书阅览室 5. 行政办公用房 6. 教学办公 7. 餐厅 8. 风雨操场 9. 阶梯教室(256人) 10. 露台 11. 计算机多媒体 教室(45人)

小学外景

　　小学设计为了解决常规学校中学生因活动场地过远而放弃课间活动的弊病，将学校辅助用房聚集成为两片低平的体块，形成了二层的两片大型活动平台。一年级教室在首层，其他年级教室都设在紧邻平台的二楼和三楼，所有学生都可以便捷地从教室到达活动场地。立面采用竖版模数控制，所有开窗、洞口都在模数控制下进行定位。外皮的淡灰色"竖纹"图案和内廊的彩色色块使建筑呈现出灵动的、多层次的视觉效果。

　　小学、幼儿园建筑是规范严格、造价低廉、非常程式化的建筑类型。在本项目中的每一处创新都是推动这种相当固化的建筑类型向着多样化转变。

小学室内

I.4 既有建筑改造
I.4.01
南京农业大学图书馆改扩建

建 筑 师：张彤、朱渊等
作品地点：江苏省南京市
项目功能：大学图书馆
设计与建造时间：2002.3 — 2004.10
工程规模：18894m²，其中保留原有建筑改造8023m²，
　　　　　新扩建10871m²
藏 书 量：150万册
建设单位：南京农业大学
获奖情况：1. 2006年度江苏省优秀工程设计一等奖
　　　　　2. 2006年建设部优秀勘察设计二等奖

南楼底部的贯通空间

从南楼底部的贯通空间看北楼

北楼加建柱廊

南京农业大学图书馆原有建筑建于 1980 年代。改扩建设计包括保留原有图书馆大部分建筑，对其进行改造；在书库以南新建一幢 8 层主楼（含一个 250 座独立报告厅）；对整体环境进行整合。改扩建后的图书馆总藏书量为 150 万册，成为一个具有较大容量、高效管理、适应信息化、数字化教学科研要求的新型大学图书馆。

新建主楼与原有建筑构成一个"工"字形结构。在东侧围合出一个方形广场，成为整个场地的中心空间。围合广场的南楼东半部底两层架室，穿插一个椭圆形的报告厅。空间沿着曲面伸展，融入南面开阔的运动场。保留连廊以西书库与原北楼之间的庭院，

将西端连接部分底层架空，打破封闭的边界，使庭院与外部空间连接贯通。

图书馆的形式充分尊重校园内已经形成的整体建筑风格。南楼采用两坡悬山屋面，其垂直交通核心的独立体量拨出屋面，成为整体形态的控制中心，与场地北面教学主楼的塔楼遥相呼应，显示出对杨廷宝先生 50 年前优秀作品的敬意。原有北楼顶部加建两坡悬山屋面，周围加贯通四层的柱廊，在结构上承托新建的屋面，并使北楼的立面更显端庄、典雅。

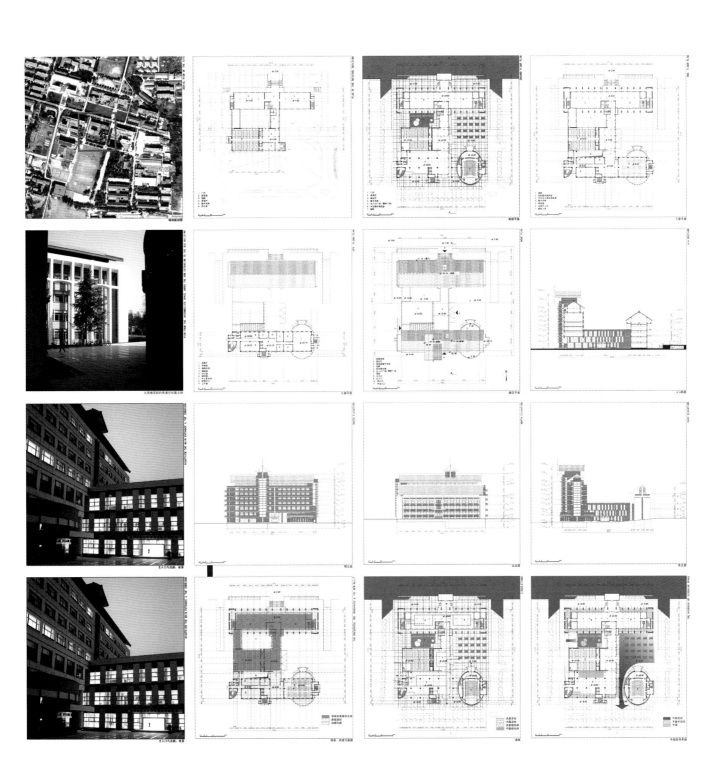

I.4.02
东南大学建筑学院前工院
北楼改造

主要设计人员：夏兵、冷嘉伟、钱强、李飚等
作品地点：江苏省南京市
项目功能：教学楼
设计与建造时间：2006 － 2008
工程规模：约 5000m²
建设单位：东南大学建筑学院

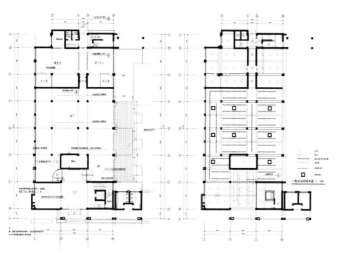

一层展厅平面及吊顶平面

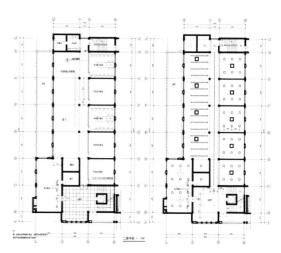

二层工作室平面及吊顶平面

一层评图室

前工院，位于东南大学四牌楼校区，初建于 1929 年中央大学期间，时为两层教学楼，称"新教室"。原有两层教学楼于 1987 年被拆除，于原址重建了一幢 6 层混凝土框架结构公共教学楼，分南北两翼，总面积 10,700m²，沿用"前工院"的名称至今。

在此次前工院北楼改造设计中，设计者着重从内部空间的再造入手，结合功能、材料和建造这 3 个基本建筑问题，将建筑设计本科教学的部分目标和意图有意识地融入新的教学空间当中：

1. 功能与使用：功能作为建筑设计的一个重要概念，也是本次改造的"引擎"之一——改造首先必须满足空间和功用的基本需求。改造后的前工院必须提供容纳建筑学院各专业本科教学全部 5 个年级师生的设计教室空间——平均每个年级约 180 名本科生，同时提供可供至少一个年级学生同时展示作业的评图室（可兼日常展览），并且设置集中的模型工作间和图纸打印间。

2. 材料与空间：为了增强学生对材料属性的直观认识，理解空间和物质之间不可分离的辩证关系，改造中合理地运用了不同的建筑材料，通过材料的并置和对比突出材料的空间性和物质性。

3. 建造与表达：熟悉不同材料的特性并且利用这些特性将材料通过建造过程加以结合，并最终保持原有建造信息的"可阅读性"。

东南大学建筑学院前工院北楼改造体现了设计教学所提倡和引导的理论思想、审美取向和价值判断，这种具有潜在研究与教学意图的空间与以认知为手段、以应用为目的的空间设计教学之间的互补作用，对设计知识的摄取、消化和应用具有示范作用。

外观

门厅

设计教室

二层评图室

既有建筑改造

103

I.4.03
荷堂艺术馆

建 筑 师：杨志疆等
作品地点：湖南省张家界市
项目功能：艺术馆
设计与建造时间：2011.7 — 2012.7
工程规模：1000m²
建设单位：私人业主
摄　　影：夏　强等

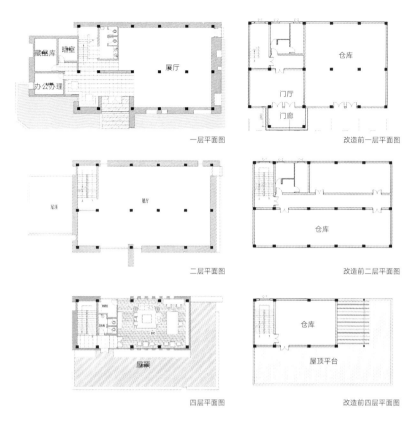

一层平面图　　　　改造前一层平面图

二层平面图　　　　改造前二层平面图

四层平面图　　　　改造前四层平面图

荷堂艺术馆西立面

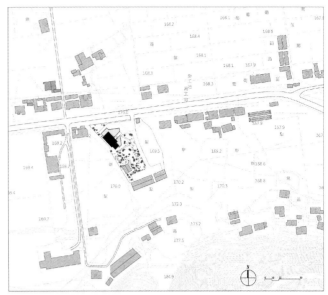

荷堂艺术馆总平面图

荷堂艺术馆坐落于张家界市的城乡接合部，该项目在设计之初其框架主体已基本完成，正在砌筑外围护砖墙，它原本是用来做临时仓库用的。因此这是一个新建的"改造项目"。

艺术馆的设计试图探索几何化的构成同乡土的材料和工艺相结合后，在湘西的乡村中展现出的某种层面的现代艺术面貌，并以此来契合该馆的主旨定位。

项目现状是一个4层高的21m×15m的简单方体，四层空间的坡屋顶及室外混凝土花架已浇好，设计中坡屋顶被改为了平屋顶，并将花架去除，同时因为功能的需要，在一层增加了40m² 的办公管理和藏品库用房。

艺术馆在设计中通过砖砌体来构成整体的几何式的穿插与构成，这种构成讲求表层体量的凹进与凸出，相应地是与之对应的砖砌体的厚薄变化，变化依据砖的模数展开，墙身依据造型各有不同。比如在建筑的首层，设计了一些类似于"砖洞"的空间，以放置业主收藏的户外石雕，其局部的墙体甚至厚达1m。整个设计如同砖的"多孔石"，通过块面、孔洞、体量、节奏等的变化，传达出清晰的现代主义构成逻辑。而这种运用砖艺在简单体量上所呈现的具有鲜明构成特征的表层空间也正是艺术馆设计的最终目标。

荷堂艺术馆西南角透视

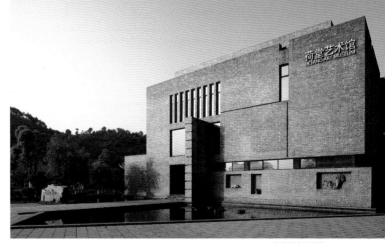

荷堂艺术馆外景

既有建筑改造

I.4.04
微园

建 筑 师：葛明等
作品地点：江苏省南京市
项目功能：展览馆
设计与建造时间：2012 — 2015
工程规模：约 2000m²
建设单位：私人业主
获奖情况：2016 年度中国建筑学会建筑创作奖银奖

模型照片

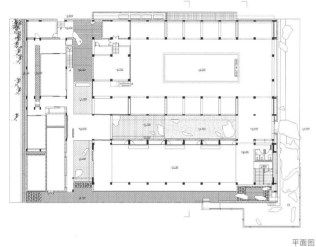

平面图

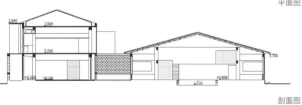

剖面图

　　在一组老房子之间经营扩建加建，改造为书法馆，以期小中见大、自成微园。将原单层厂房坡顶各向两侧接续一跨，应对书法展示，并将坡顶桁架包覆，使原厂房进深空间转向而与院子水平通连。借力于结构，制造起落，降低视点，以回溯宋时曾经具有的特殊视高的空间观法。置石理水，植树培土，均以连接内外为要，以期扩大空间容量（房），以期眼前有景（园）。

外观

白厅一

白厅二

黑厅

四面厅

墨池西

I.4.05
UDV 上海联创国际设计谷

建　筑　师：钱强等
作品地点：上海
项目功能：创意设计园区
设计与建造时间：2014.3 － 2015.6
工程规模：16987m²
建设单位：UDG 上海联创建筑设计有限公司
获奖情况：1. 2016 年 WA 中国建筑奖 / 技术进步奖入围奖
　　　　　2. 2016 年中国建筑学会建筑创作奖 / 建筑保护与再利
　　　　　　 用类银奖
　　　　　3. 2017 年上海市建筑学会第七届建筑创作奖 / 城市更
　　　　　　 新类佳作奖
摄　　　影：姚力等

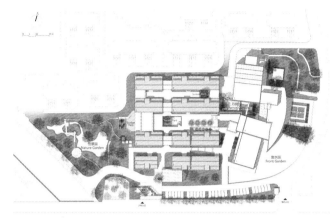

总平面图

壹水园

丹枫园

和静园

　　上海联创国际设计谷的前身是杨浦区政府经营的具有住宿、餐饮和娱乐功能的新风城宾馆，由于政策的变化等因素，经营状况逐渐衰落。为了能够和杨浦区的发展定位一致，政府希望把它改造成以设计企业为主要入驻单位的创意设计园区。通过功能置换型的改造与再生把宾馆建筑变成一个能够满足日益多元的使用需求的创意设计园区，为衰败的城市机体注入新的生机。

建筑功能的置换与空间的适应性改造

　　功能置换型的旧建筑改造设计的第一步就是要对原有的建筑空间进行有针对性的改建和适量加建，以适应新的建筑功能对空间的需求。改造设计的原则是尊重原有建筑的总体布局，保留原有树木；由于新的功能需要而不得已的加建，在形体上和原有建筑尽可能的呼应。

"新旧混成"的建筑形态的改造与更新

　　立面的改造遵循"新旧混成"的原则，既保留历史的痕迹和记忆，同时也加入新时代的元素，体现创意型企业的文化和时代的特征。加建建筑的外立面主要采用玻璃幕墙，通透轻盈，体现出新旧对比的同时更具现代感，主楼的外墙采用了白色陶土百叶作为全新的建筑表皮，通过百叶间距的控制，既保证了原有外墙的可视度，保留住周边居民的记忆，同时赋予旧建筑以新的生命。原游泳池的幕墙外侧使用了金属离瓦百叶作为表皮，遮阳节能的同时，离瓦的外观也成为独特的亮点，展现了设计企业的独特形象。

园林式办公理念下的"肆园"景观的重塑

　　充分地利用基地原有的三个庭园并新增加了一个庭园，围绕建筑群形成了"壹水园"、"凌波园"、"和静园"、"丹枫园"四个不同主题的庭园空间，倡导"园林式办公"理念，通过"肆园"景观的引入，营造了高效率、高舒适度和高附加值的办公空间，提升了办公空间的品质。

　　原有空间状态的梳理与整合，新的活力与形象的注入，能够感知四季变化的"肆园"的不同体验，形成了多样性的丰富的环境聚落，蜕变成最适合文化创意生态发展的办公空间形态。

怡景园

改造前主楼东侧外观和庭园水池

改造后主楼东侧外观和庭园水池

改造前办公主楼入口

改造后办公主楼入口

改造前报告厅和咖啡厅外观和庭园水池

改造后报告厅和咖啡厅外观和庭园水池

改造前室内游泳池内部

改造后室内游泳池内部

改造前东北侧庭园

改造后东北侧庭园

一层平面

1. 门厅
2. 办公
3. 会议
4. 庭院
5. 上海国际
设计交流中心
6. 咖啡厅
7. 值班
8. 音控设备
9. 储藏室
10. 吧台
11. 室外走道
12. 展厅
13. 消防安控中心
14. 通信交接间
15. 净水机房

16. 空调机房
17. 数据/电器机房
18. 强弱电间
19. 多功能厅
20. 出图中心
21. 库房
22. 配电间
23. 档案办公室
24. 档案存放室
25. 图书室
26. 木平台
27. 材料室
28. 材料库房
29. 摄影棚
30. 模型制作室

二层平面

1. 庭院上空
2. 办公
3. 会议室
4. 秘书处
5. 屋面
6. 连廊
7. 光热太阳能板
8. 打印
9. 茶水间
10. 空调机房
11. 平台
12. 庭院上空
13. 强弱电间

三层平面

1. 室外木平台
2. 办公
3. 茶水间
4. 会议室
5. 屋面
6. 连廊
7. 弱电间
8. 打印
9. 储藏

I.4.06
先锋书店惠山书局改造

建 筑 师：韩晓峰等
作品地点：江苏省无锡
项目功能：休闲 文化
设计与建造时间：2015.12 － 2016.7
工程规模：650m²
建设单位：先锋书店
获奖情况：1. 江苏省土木建筑学会建筑创作奖一等奖
　　　　　2. 2017 年江苏省"十佳最美书店"，江苏省新闻出版总局
摄　　　影：沈文翰、钱小华、李玉祥等

总体环境图

"砖与木"的诗

惠山书局坐落在历史和神话堆叠的惠山古镇，是一座由清嘉庆二年的杨观察公祠改造而成的书店，是一个体现古典和现代的碰撞，充满实验性的艺术空间装置。

空间设计及其主题

书局由文创区、艺术咖啡馆区和书区三进有机关联的空间和院落组成。

第一进文创区以简洁、素朴的原木质感为基调，重点在于烘托文创产品。第二进是艺术咖啡馆。具有质感的黑色调空间蕴含着浓烈的现代感和江南传统厅堂的质感。馆外院子内的扁亭内悬挂着的"先锋书店"匾额，好似一块巨大的磁铁，吸附了空间的灵魂。

一进和二进空间之间是水院，水中央架石桥，置身水院惠山风景尽收眼底，两侧的现代木艺，使新旧元素相得益彰。

第二进艺术咖啡馆外是咖啡小院。浓缩了独特的现代木构手法，为原本平淡无奇的院落营造出强烈的温馨之情。新旧木构的对话，勾勒出时间的轮廓，让人看见历史的维度。院落中的原住民是三颗树木，生长扎根处，光影汇聚。

惠山书局及龙光塔鸟瞰图

水院及两侧厅堂夜景

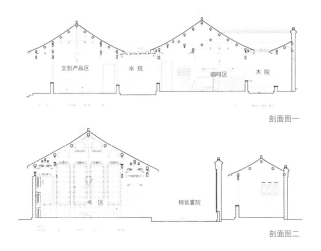

剖面图一

剖面图二

　　第三进的书区，设计者用长达 15m 的刨花砖砌筑的巨大书墙，打破了传统书架的固有概念，墙体正中端正的十字架预示着十足的坚定信念。厅堂内摆放书籍的展台中央放置着的日常座椅，转递出"神性维度"的神来之笔。书墙中的每一块刨花砖在这个空间中被转化为艺术品，这些卑微的廉价材料在书籍的殿堂中显现尊严，演绎出本应属于它们的生命之诗。

精神向度

　　在书区院墙边的钢木装置——"上帝之光"是书局的精神空间。乍眼，这只是一处供读者写明信片留言的场所。走近，钢板内镂空的"十"字架和"先锋书店"彰显了书局的精神向度。

艺术咖啡区室内

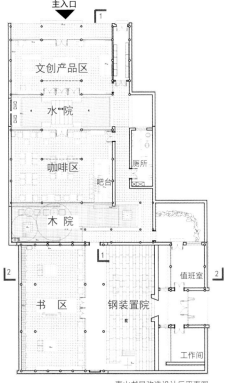

惠山书局改造设计后平面图

木院夜景二

书局主入口夜景

I.5 绿色建筑与建筑运算
I.5.01
中国普天信息产业上海工业园智能生态科研楼

建 筑 师：张彤、毛烨等
作品地点：上海市
项目功能：科研办公
设计与建造时间：2006.7 － 2009.11
工程规模：4370m²
建设单位：中国普天信息产业上海工业园
获奖情况：1. 2013 年度全国优秀工程勘察设计行业奖一等奖
　　　　　2. 2013 年中国建筑学会中国建筑设计奖（建筑创作）银奖
　　　　　3. 2014 年国际建筑师协会 UIA 德班大会"全球化进程中的当代中国建筑"参展作品
　　　　　4. 2011 年国际建筑师协会 UIA 东京大会"中国建筑：前进的足迹"参展作品
　　　　　5. 2011 年该项目获得住建部绿色建筑三星级设计标识
　　　　　6. 2008 年项目所在的中国普天信息产业上海工业园 A1（含 A2）地块的整体建设被列入住房城乡建设部"十一五"国家绿色建筑首批示范工程
摄 　 影：耿涛等

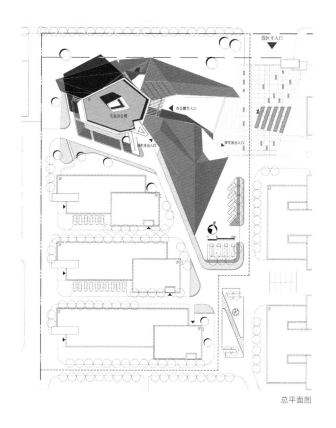

总平面图

项目位于上海市奉贤区，为中国普天信息产业上海工业园自用科研办公楼。项目建设的目标是集成优化可持续性绿色建筑设计策略；探索在冬冷夏热气候区通过合理的空间组织和构造设计，以不耗能或少耗能的方式，来实现对室内外环境舒适度的调节；同时开展建筑环境智能控制系统的研发与产业化实验。

该作品主要创新点体现于以建筑设计为主导，统筹各专业设计的技术与策略，达到空间质量、环境性能与能源使用的整体效能优化。尤其是通过有效的空间组织、合理的体型和构造设计，以空间本身的形态和组织结构实现对室内外环境的性能化调节，是"空间调节"被动式节能设计策略的实践与验证。

东南视角

东北视角

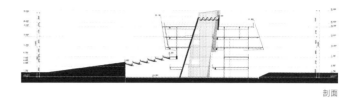

剖面

广场与主入口

东立面

南立面

草坡上被百叶包裹的主体量

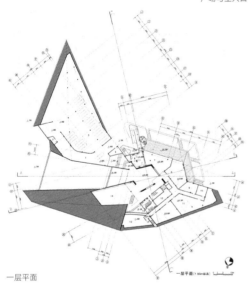

一层平面

四层平面

I.5.02
镇江市丹徒高新园区
信息中心

作品名称：镇江市丹徒高新园区信息中心
建 筑 师：韩冬青、马晓东、顾震弘、孟媛等
作品地点：江苏省镇江市
项目功能：科研办公
设计与建造时间：2008.8 － 2011.7
工程规模：6763m²
建设单位：镇江市丹徒区建设投资有限公司
摄　　影：耿涛等

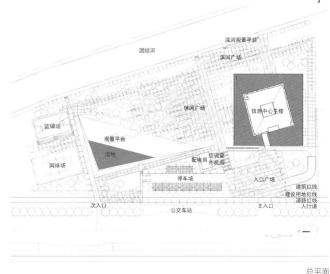

总平面

　　本项目主要功能为丹徒高新园区的公共信息展示及管理办公，并为部分高新技术产业提供孵化空间。作为园区规划展示场所，信息中心需要具有鲜明的标志性形象，以便在提升园区自身辨识性的同时强化园区精神。设计利用上下两个方形盒体的旋转叠合，极大改善了建筑内部的景观视野。底层"水盒"外墙采用透空的铝合金格栅，二层以上的"信息盒"外墙系统则组合了改性复合木遮阳和弹性涂料，不同的材质对比结合底层屋顶水面，烘托出建筑主体的标志性。北侧和南侧外墙设置固定垂直遮阳板，东侧设置活动的遮阳百叶门，以适应不同时段下的采光、遮阳、观景要求，并形成变化丰富的立面效果。

　　作为高新园区的标志性公共建筑，信息中心也是展示和试验低能耗、生态化、人性化的建筑技术产品的平台。设计结合实际需要，运用了一系列技术成熟、效果良好、经济可行的适宜性绿色建筑技术。

建筑西北角

主入口

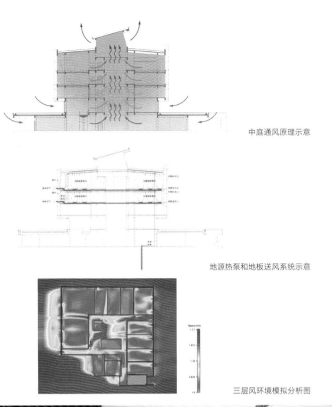

中庭通风原理示意

地源热泵和地板送风系统示意

三层风环境模拟分析图

从入口门厅向外看屋顶水池

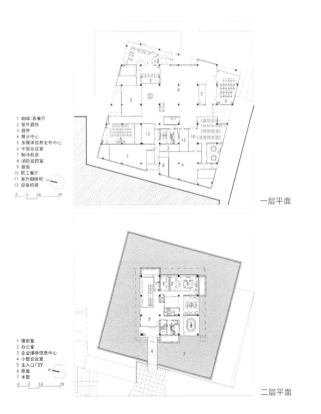

1 咖啡/西餐厅
2 室外庭院
3 超市
4 展示中心
5 多媒体信息发布中心
6 中型会议室
7 制冷机房
8 消防监控室
9 厨房
10 职工餐厅
11 室外咖啡吧
12 设备机房

一层平面

1 值班室
2 办公室
3 企业操作信息中心
4 小型会议室
5 主入口门厅
6 桥面
7 水面

二层平面

从入口广场看建筑

I.5.03
"数字链" 塑形与建造
青奥城一期国际风情街表皮生成

建 筑 师：李飚等
作品地点：江苏省南京市
项目功能：综合楼
设计与建造时间：2011.10 － 2014.6
工程规模：5.8 万 m²
建设单位：南京河西新城区开发建设管理委员会
获奖情况：1. 2016 年江苏省城乡建设系统优秀勘察设计
　　　　　　 二等奖
　　　　　 2. 2016 年都江苏省优秀工程设计二等奖
摄　　　影：耿涛等

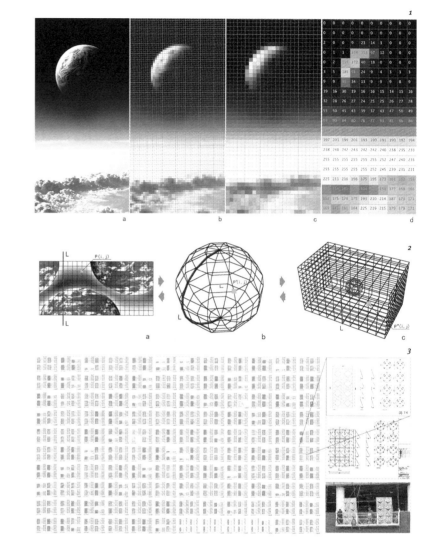

国际青年奥林匹克运动会于 2014 年 8 月在中国南京举行，青奥城位于南京江山大街两侧，夹江东侧，主要包括青奥村、青奥轴线平台、青奥中心和国际风情街区四类项目。其中，国际风情街区的"表皮"及其施工图（加工图）采用"数字链"系统方法完成。

"数字链"系统的方法基于对特定建筑原型的逻辑运算共性提炼，以计算机编程为技术手段，并据此制定计算机程序演化规则，进而优化组合从设计创意到数控建造的各子项步骤，体现"数字链"系统对抽象设计物理建造的灵活控制，形成统一的"数字链"设计和数控建造系统，填补从设计、制造到实际建造之间的潜在缝隙。"数字链"方法大幅度升级建筑数字技术的设计潜能和建造效率，提供探索与实验的新思路。

该项目使用二维图像作为数据输入源。通过计算机程序的编写，建立图像中每个像素点的灰度值到建筑表皮三维空间构件及位置变化的映射关系，铝板弯折的角度和开孔的大小直接受到图像中像素点的灰度的控制，使得幕墙的整体将通过弯折角度和开孔大小的变化呈现出和输入图片相似的视觉映射。青奥国际风情街项目是运用"数字链"系统方法实现的较大尺度的建筑工程实践，该项目的处理程序在数分钟内可以生成7000 多块定义不同的建筑外表皮加工构件。

1 分辨率控制与灰度体取
2 表皮生成原理
3 输出数控加工图纸
4 青奥服务中心远景
5 外景
6 夜景
7 外景

I.6 乡村建设
I.6.01
周里村便民服务中心

建 筑 师：王正、韩冬青等
作品地点：江苏省南京市
项目功能：社区服务
设计与建造时间：2009.8 — 2009.10
工程规模：192m²
建设单位：江苏省住房与城乡建设厅

周里村便民服务中心是一个以竹质工程复合材料为主要建材的命题实验工程。以这一小型公共建筑为载体，项目设计主要探讨了两方面的问题：一是如何在满足竹质工程复合材料特性和相应框架结构技术要求的前提下发掘其在空间营造方面的潜力；二是如何使得竹材及其建造方式参与到建筑空间塑造和形式表达，而不仅仅是作为技术条件和背景。

竹框架结构由于材性和构件规格的限制，柱距要求较小且结构规整度要求较高。项目设计尝试通过规则框架的错位和变形，实现不同用途和尺度空间的分化，形成一站式服务大厅这样的大空间和局部贯穿的高空间，拓展了竹质工程复合材料及相应竹框架结构在这方面的适用性和应用范围。同时，项目设计利用竹框架结构对规整度的要求，通过横贯在空间中的结构梁突出了竹材结构性的表达，并借助多种竹质饰面板材和原竹格栅等材料共同参与空间的界定，强化了竹建造的主题，拓展了其建筑学内涵。

总体鸟瞰图

入口空间

服务大厅

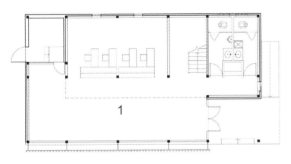

一层平面图

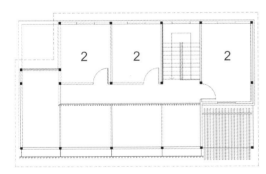

二层平面图

1 入口空间
2 入口空间
3 平面
4 服务大厅
5 竹格栅空间界面

N

0 1 2   5
1:100

竹格栅空间界面

I.6.02
隐庐莲舍

建 筑 师：唐芃等
作品地点：江苏省宜兴市莲花荡农场
项目功能：茶室
设计与建造时间：2015.5 — 2016.9
工程规模：392m²
建设单位：宜兴市丁蜀镇政府
获奖情况：2017 年 UIA 国际建筑师协会首尔大会"融合之间"
　　　　　　参展作品

南立面图

纵剖面图

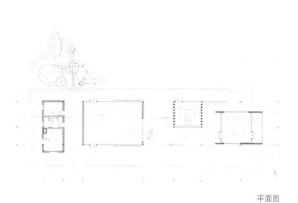

平面图

横剖面图

1

项目位于江苏省宜兴市丁蜀镇莲花荡农场。如何在城市近郊的乡村风景中建设一座符合当地特色的茶室，是莲花荡农场给建筑师提出的题目。一望无际的稻田，芦苇荡和远山是一贯的农场风景，然而基地给予的是那种并不持久的安静，与地平线平行的高铁线路定时有高铁呼啸而过。水天一色，古往今来。在这样一片现代的乡村风景中，建筑师选择在田地与水体交界处，设这样一座横向展开的一字形建筑，为远到而来的人留出一个看得见风景的洞口。三间茶室，三种意象，一处内院，与山水同坐，观天地人心。

建造上，建筑师尝试研究宜兴当地特有的建筑材料和建造方式，将竹、木、陶、土等材料悉数表达。并在实际建造过程中，由建筑师直接参与从室外墙体施工，室外景观布置，到室内装修，以及家具选择，器物摆设的全部过程。与世界的温柔相望，是隐庐莲舍对莲花荡农场的回答。

1 隐庐莲舍 - 逆光
2 隐庐莲舍 - 鸟瞰
3 隐庐莲舍 - 中茶室侧影
4 隐庐莲舍 - 内院
5 隐庐莲舍 - 内院 02

轴测图

I.6.03
东坝丁宅

建筑设计：朱渊、沈旸等
项目地点：江苏省南京市高淳东坝镇汤村
项目功能：居住
设计与建造时间：2015.12 — 2016.12
工程规模：220m²
建设单位：私人建造
摄　　影：侯博文等

鸟瞰

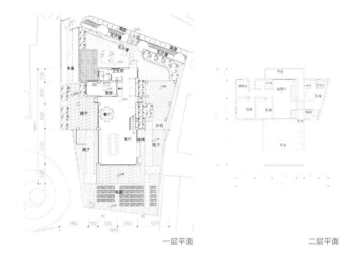

一层平面　　　　　　二层平面

项目场地位于乡村宅基地中，紧邻乡村道路，一景观小桥跨越沟渠引入基地。项目规模约220m²，主要供三代人居住，祖父喜独居，勤于田间劳作。

设计从乡村的日常劳作出发，底层为面向整个作物场地的客厅与餐厅体量，周边乡村作物植被环绕，仿佛置于田间。二层居住体量南北朝向，与底层垂直，自然留出屋顶平台与底层架空活动空间。考虑祖父独居喜好，将居住体量轻轻拉开，留出缝隙以另一室外桥连接，同时形成上下贯通的室外空间。拉开体量东侧为祖父屋，西侧为两代人卧室与活动室。

室内外空间用竹作为部分维护的组织元素，进行天花、扶手、停车棚等要素的组织建造。

后院

入口

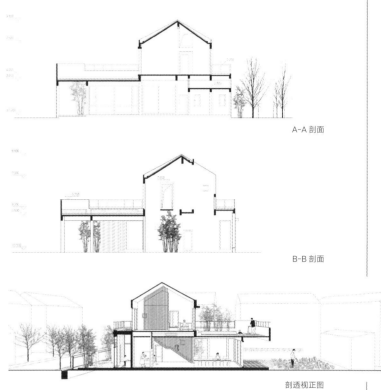

A-A 剖面

B-B 剖面

剖透视正图

餐厅侧院

I.6.04
莫干山度假酒店

建 筑 师：张旭等
作品地点：浙江省湖州市莫干山上皋坞村
项目功能：度假酒店
设计与建造时间：2016.7 — 2017.7
工程规模：500m²
建设单位：莫干山宿里 FUN 集度假酒店

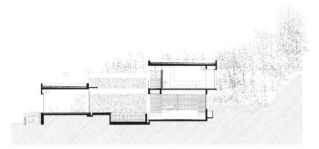

剖面图

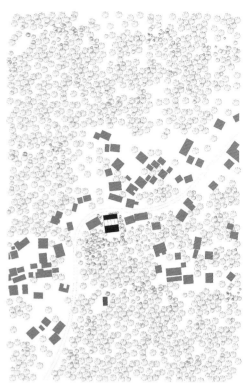

总平面图

泳池一

这是一幢 500m² 左右的小型度假酒店,位于莫干山上皋坞村光明乡。建筑北面沿着乡里的主路,背靠茅竹密布的山丘。这栋建筑配有同时服务于其他三栋度假酒店的酒吧、咖啡、泳池和 SPA,大比例的公共功能使得该建筑形象具有偏向公共建筑的潜力;建筑靠山的二层设有 4 间客房,每间都拥有面对竹林和远山的视野。

设计的主题是亭子与房间。基于框架结构的亭子具有抽象性和开放性;墙体包裹的房间提供庇护与不同程度的气候舒适度。这栋建筑是一座内含了房间的亭子,以亭子的构造要素为媒介,在具体的情况下,人们对空间领域的感知超越房间功能的气候边界是可能的,从而塑造建筑空间的多义性。

对称的、暴露木模混凝土材质的框架结构,比城市通常框架结构还要大一些的柱跨,大面积的落地玻璃与开敞的入口空间,底层空间的水平感与穿透性均指向"城镇化"与"公共性";建筑材料与建造方法,则基本满足就地取材、雇工并利用当地建造工艺的经济原则和设计策略,也表明了对城市资本介入的、部分"乡建"项目的态度。

鸟瞰

入口

前厅

泳池二

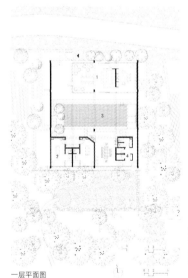

1. 酒吧
2. SPA
3. 泳池
4. 更衣室
5. 客房

一层平面图

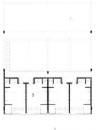

二层平面图

I.6.05
嵌院

建 筑 师：徐小东、徐宁等
作品地点：江苏省兴化市
项目功能：居住
设计与建造时间：2016.5 － 2017.8
工程规模：104.5m²
获奖情况：第十届江苏省土木建筑学会建筑
　　　　　创作奖一等奖

内院

门厅

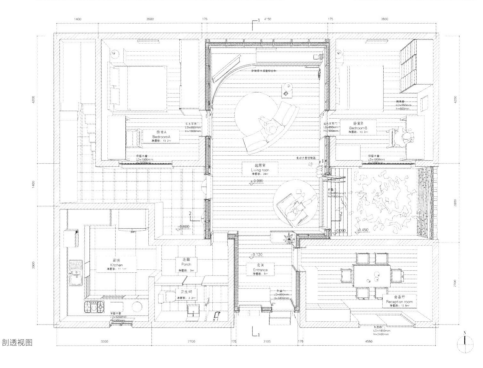

剖透视图

新型城镇化背景下，我国农村居民的生产生活方式正经历着演变更替，传统的农村住宅模式越发难以适应现代化的生活需求。这种无法适应逐渐导致了传统农宅价值认知的边缘化，以至传统农宅很难在村落更新的过程中得到应有的重视。如何让传统农宅重新适应时代需求并在新的乡村环境中再生，如何兼顾农村更新中的功效与文脉问题，是"嵌院"实践的主要动力。

兼顾传统

探讨传统民居建筑的保护更新模式，思考如何采用具有保护性、时效性、低成本、灵活性的方式对传统建筑进行更新改造。项目引入工业化建筑体系中预制装配式轻型结构房的材料与建造模式，尝试以一种保留表皮、"内核"改造的内装工业化建造方式对传统农宅进行改造。

材料运用

项目与轻质加气混凝土墙体材料技术部分充分合作，围绕 ALC 板作为核心建材研发相关建造与建筑技术，在建造流程、工艺、维护层面对比于传统钢筋混凝土具有明显优势，轻质隔墙的建造单元契合农村的合院空间体系，使其比砌体结构便于施工，又相对于现浇工艺更加快速成型。

空间整合

通过植入体量与传统体量重新组合，构成新的院落体系，同时将当代城市语境中的居住空间在院落体系中实现，一定程度上增加了空间规模的感受，并且优化了传统院落空间的使用品质，解决了包括气候边界在内一系列传统院宅难以解决的问题。

综述 阳建强

注重实践、服务社会是东南大学城乡规划学科拥有的优良传统。一直以来东南大学城乡规划学科十分注重人才培养、科学研究和生产实践三者的密切关系，注重和坚持产学研三结合，一方面让广大师生在实践中得到了真刀真枪的磨炼，提高了城乡规划设计的业务能力，另一方面也可以很好地运用在学校所学的知识和研究的成果为社会作出积极贡献。这一优良传统可以说是东南大学城乡规划学科能够不断适应国家城市建设需求的重要保障，也是东南大学城乡规划学科长久保持活力和持续发展的肥沃土壤。

早在1950年代成立城乡规划教研组之初，在教师的带领下，学生就开始走出校园，积极参加规划生产实践活动。参与的规划实践主要有扬州瘦西湖风景区规划、杭州市城隍山风景区规划、江西省南昌市旧城改建、绍兴市中心区规划等，涉及城市和乡村规划、建筑群设计、旧城改建、城市中心区规划、风景区规划等详细规划，还有名城保护、城市总体规划等多种类型。这些既是实践工程，又是学生课程训练，很好地培养了学生的规划实践能力。

进入改革开放以来，正好是我国城市建设大发展时期，我系老师厚积薄发，涌现出许多城市规划设计精品，多次获得国家级、省部级的重要奖项，受到社会各界的高度评价：1978年在参加全国唐山居住区规划设计评选（全国78个方案）中被评为四个最优方案之一；1981年获得南京锁金村居住区规划设计竞赛二等奖；"南京市中心综合改建规划"、"山东曲阜五马祠街规划"分别于1989年、1991年获建设部优秀规划设计二等奖，后者并获国家优秀建设工程银质奖；其

他重要作品还有"南京中山陵风景区详细规划"、"绍兴解放路规划"、"厦门东渡居住区规划"以及"杭州湖滨地区规划"等等。这些实践有力推动了东南大学城乡规划学科的发展，尤其在城市设计、旧城更新、历史文化遗产保护、城市公共中心规划等领域形成了特色鲜明并在全国具有领先地位的学科方向。

近20年来，我国城市经历了从高速增长转向中高速增长的发展过程，目前开始逐步进入规模扩张与质量提升并重发展的新阶段，提升城市功能、营造宜居环境、传承历史文化和提升城市品质成为当前我国城市发展的新常态。在这一时期，东南大学城乡规划学科迎来千载难逢的发展机遇与挑战，在科学研究和规划实践上取得进一步突破，无论在规划思想和规划理念，还是在规划的技术方法和编制内容等方面都进行了大胆探索与创新，完成一批具有全国影响的城市规划和城市设计项目，荣获全国优秀城市规划设计一等奖3项、二等奖13项和三等奖15项，部省级优秀城市规划设计一等奖26项、二等奖26项。归纳起来，其总体特色主要体现在几个方面：

1.密切融合研究。借助东南大学城乡规划学科不同方向研究团队的力量，将长期积累的规划理论研究成果融入城市规划设计之中，提高了城市规划设计的科学性。

2.规划内容丰富。涉及总体规划、村庄布点规划、分区规划、城市中心体系规划、总体城市设计、空间形态与景观风貌特色规划、中心区环城水系规划设计、城市重点地段城市设计、历史地区保护更新规划、历史风貌区详细规划设计、旧城更

新规划、火车站地区综合改造、老工业基地更新规划以及综合交通枢纽规划设计等诸多类型。

3.突出技术创新。基于GIS数字技术平台，应用因子分析、层次分析、空间分析、仿真模拟、大数据分析等多种技术方法，加强定量研究和定性研究的集成，探索城市总体空间形态演化与控制的有效途径，使城市规划设计的技术含量明显增强。

4.注重规划实效。深入细致地开展规划前期研究，高度重视设计理念的精细空间落实，通过积极的部门沟通和公众参与，加强了对规划实施的引导和实施操作的推进，全面提升了城市规划涉及的针对性和实效性。

此次收录的城乡规划方面作品是东南大学城乡规划学科从1998年至2017年20年来的主要代表，它们凝聚了东南大学城乡规划学人的集体智慧和辛勤劳动。面向未来，结合国家新型城镇化和城乡规划一级学科大发展良好契机，将继续发扬东南大学城乡规划学科注重实践、服务社会的优良传统，针对国家城市建设实践，瞄准国际城市规划前沿，大胆进行实践探索与创新，多出优秀作品，努力为我国城乡规划事业做出更大贡献。

II 城乡规划

RURAL AND
URBAN PLANNING

II.1 总体规划
II.1.01
深圳市南山区分区规划

设计人员：段进、邵润青、季松等
编制时间：2001－2002
项目规模：98 km²
委托单位：深圳市城市规划设计研究院
合作单位：深圳市城市规划设计研究院

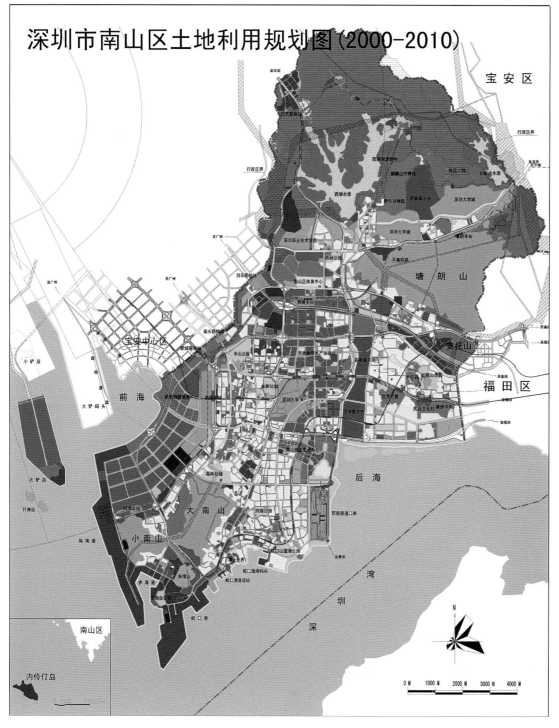

深圳市南山区土地利用规划图(2000-2010)

深圳分区规划

南山区社区结构现状图
(2000)

深圳分区规划

南山区社区结构规划图
(2000-2010)

深圳分区规划

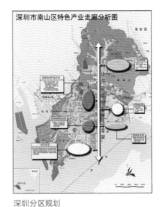

深圳市南山区特色产业走廊分析图

深圳分区规划

南山区空间结构规划分析图

深圳分区规划

据点触角发展期（1980-1984）

深圳分区规划

分散组团发展期（1985-1989）

深圳分区规划

城市走廊发展期（1990-1994）

深圳分区规划

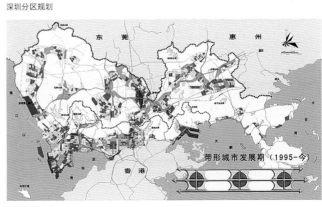

带形城市发展期（1995-今）

深圳分区规划

　　南山区是深圳西部的重要交通枢纽，交通地理位置十分重要，对外交通也十分便捷，是特区与全市乃至周边地区紧密联系的"桥梁"。本次规划以城市的可持续发展为目标，将城市布局结构融入市域土地利用的自然生态规划之中，保证城市生态功能的实现。结合用地形态和社区研究的前期研究成果，提出了有机结构、稳定单元的用地功能布局分层控制体系。具体体现为：

　　（1）动态的城市发展构架：顺应深圳带形组团城市结构的要求，强调城市发展轴的延展弹性和城市结构的开放性。（2）"山海城"的整体形态：利用南山区现有海、岛、湖、河、山等丰富的自然资源，通过景观整合，构筑山、城、海一体的特色城区。（3）"十字"城市空间结构：以深南大道、滨海大道为主骨架的东西向发展轴，传递东西轴向延伸的发展动力，并成为珠江口东岸城镇与产业发展带的一个重要组成部分；以工业大道—南油大道、沙河西路为主骨架的南北向发展轴，顺应南山区的自然地理特征，整合全区城市空间。（4）哑铃状的分区服务中心：前海中心：深圳市的物流商务中心，规划期内同时是前海新区服务中心，并有进一步发展为更高一级服务中心的潜力。后海中心：南山的分区服务中心，同时又是以游憩商业服务为特色的游憩商业中心 (RBD)。

II.1.02
南京市秦淮区总体规划
(2013—2030)

设计人员：阳建强、王海卉、陶岸君、朱彦东等
编制时间：2013.5 — 2013.12
项目规模：49.35km²
合作单位：南京大学城市规划设计研究院
获奖情况：1. 2016 年度江苏省城乡建设系统优秀勘察设计二等奖
　　　　　2. 2016 年度江苏省优秀工程设计二等奖

土地利用规划图

区位图

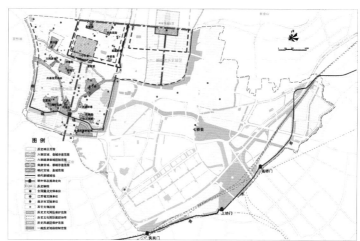

历史文化保护规划图

区位图

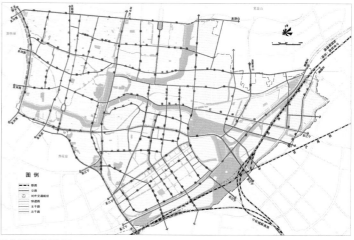

综合交通系统规划图

134

南京市秦淮区总体规划（2013—2030）为《秦淮区国民经济和社会发展第十三个五年规划纲要》制定提供了技术保障，为"保护更新老城、开发建设新城"的总体战略制定，以及"新街口金融商务商贸区、老城南文化休闲旅游区、东部高新技术产业集聚区、南部新城高铁枢纽经济区"四大产业功能板块建设提供了规划支撑，对相关规划设计，尤其是下一层级控制性详细规划、片区级城市设计的编制、设计、审批等工作提供了直接的参考和依据。

设计特色与创新体现在如下方面：(1) 在"资源重组、空间重构、品质重塑"总体发展战略的指导下，结合中心城区用地紧张、拆迁困难等矛盾，开展了秦淮区经济提升空间潜力的分析、用地潜力测算和土地利用潜力评估等工作；(2) 针对老城区人口混杂、人口密度大、民生问题突出的主要矛盾，围绕"改善民生、全面提升老城生活品质"的目标，开展了住房、商业设施、公共服务设施、社区设施等规划；(3) 通过对生态环境、开放空间、文化景观等要素的综合分析，对城市形态、视廊、天际线、高度等进行了全面的控制引导，推进了总体规划在空间形态塑造方面对控规和城市建设的指导作用；(4) 规划不局限于总体层面的战略方案，通过积极的部门沟通，加强了对规划实施的引导，提出了具有可操作性的细化方案，并编制了详细的项目库。

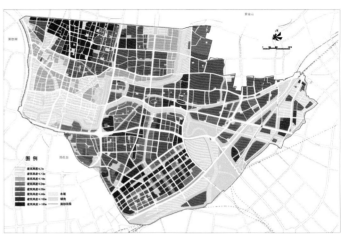

建设高度分区控制引导图

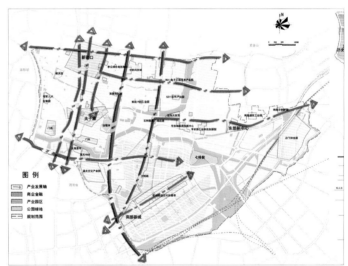

产业布局规划图

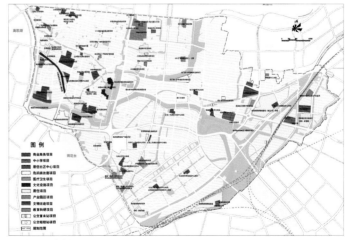

近期建设项目规划引导图

II.1.03
南京市高淳区村庄布点规
划（2014－2030）

设计人员：王兴平、王海卉、陶岸君等
编制时间：2013.9 － 2014.9
合作单位：南京农业大学
获奖情况：2016 年江苏省城乡建设系统
　　　　　优秀勘察设计奖二等奖

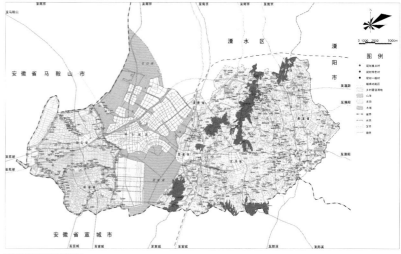

高淳区村庄布点规划图

高淳区村庄景观风貌引导图

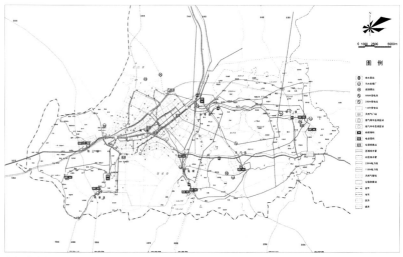

高淳区村庄市政设施规划图

针对高淳区村庄发展核心问题提出技术思路：（1）构建总分结合、多维支撑的规划体系，形成全区乡村总体发展与布局规划＋各分区和各镇乡村布点规划指引的总体规划框架；（2）全方位分析、确定科学的高淳乡村发展定位；（3）以"分级、分类、分区、分形、分时"的"五分体系"导控村庄布点与建设；（4）将村庄空间形态规划与产业、景观、文化等规划融合；（5）以农村住房建设管控为抓手，解决规划到实施衔接问题。

主要创新有：（1）规划理念与技术框架方面，从项目谋划之初即认为应当着眼本地乡村发展建构框架体系；（2）发展与创新了两个概念，发展农村新社区的概念，突破对农村新社区高密度、大规模范式的一般认识，提出"新社区"新在满足居民需求，提出"城乡人"概念，即存在双栖人口，既计算为城市人口，也计算为农村人口，并在建设用地规模、设施配给方面予以回应；（3）村庄选点方法方面，核心要素筛选与细致评价遴选结合，提高布点科学性；（4）提出村庄建设引导"五分体系"，便于清晰有力地把握村庄规划建设；（5）关注农村老龄化、机动化和智慧化问题，在公共服务设施建设、道路交通体系建设和市政基础设施规划方面进行应对。

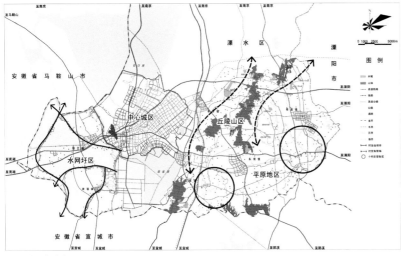

高淳区布点村庄集聚引导图

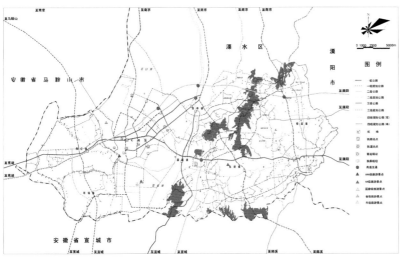

高淳区村庄交通体系规划图

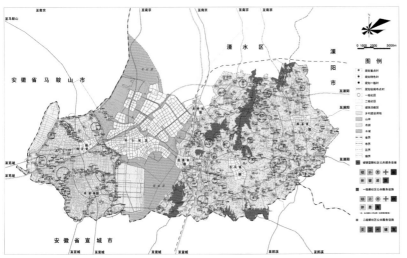

高淳区村庄公共设施配套图

II.1.04
金坛市沙湖村庄
建设整治规划

设计人员：刘博敏等

编制时间：2006.5 - 2006.7

项目规模：建设用地 8.71hm²，居住人数 830 人

获奖情况：1. 2006 年度江苏省优秀工程设计一等奖

2. 2006 年度江苏省城乡建设系统优秀勘察设计一等奖

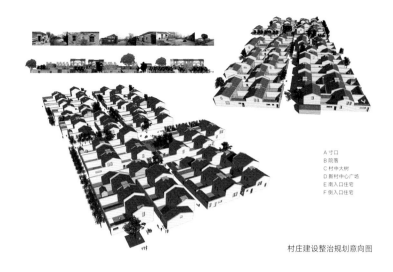

A 寸口
B 院落
C 村中大树
D 新村中心广场
E 南入口住宅
F 侧入口住宅

村庄建设整治规划意向图

村庄建设整治规划意向

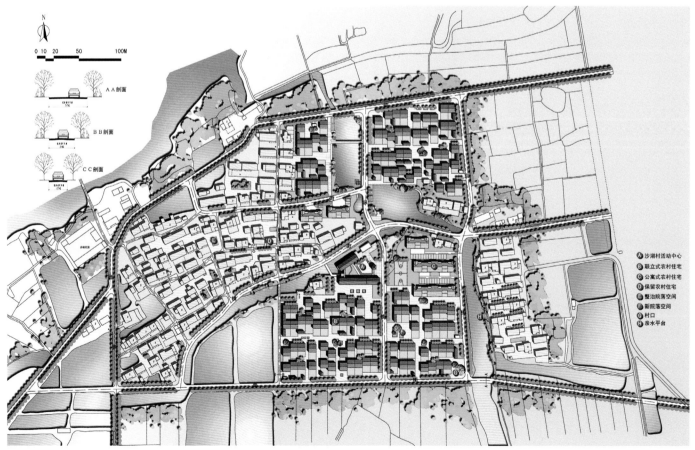

Ⓐ 沙湖村活动中心
Ⓑ 联立式农村住宅
Ⓒ 公寓式农村住宅
Ⓓ 保留农村住宅
Ⓔ 整治院落空间
Ⓕ 新院落空间
Ⓖ 村口
Ⓗ 亲水平台

村庄整治建设规划现状图

138

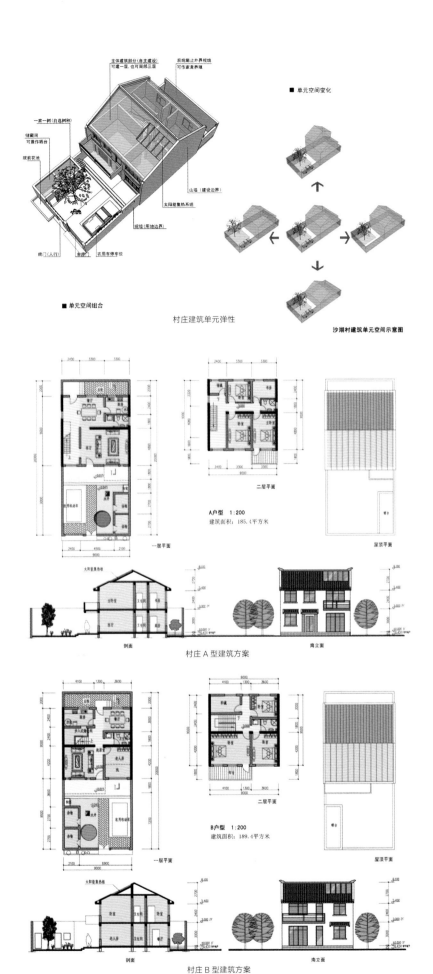

■ 单元空间变化

■ 单元空间组合

村庄建筑单元弹性

沙湖村建筑单元空间示意图

A户型 1:200
建筑面积：185.4平方米

一层平面

二层平面

屋顶平面

侧面

南立面

村庄 A 型建筑方案

B户型 1:200
建筑面积：189.4平方米

一层平面

二层平面

屋顶平面

侧面

南立面

村庄 B 型建筑方案

金坛沙湖村，为桥南村、沙湖村与张家村合并后的行政村，位于金坛西岗镇北部 2.6 公里处，是江苏省最早选为村庄建设整治的典型。基于村庄空心化、经济弱、公共设施配套不足、生态环境差、乡村特色消失、村落分散不合理问题，规划建构了"量力而行、逐步改善、延续特色、集聚发展、形态延续传统"的村庄规划模式，规划在目标上瞄准未来新农村的发展需要，在制订整体合理发展规划的基础上，立足于现实的整治建设上的经济可能性，按村庄发展中需求项目的重要性进行分类，建立菜单式、可选择的实施方案，以求在不同的初始投入条件下，都能保证建设整治规划实施与工作推进。保护并恢复江南水网地域村落特色，恢复水系活力，保持水网村落的环境特色，保持了村庄发展的生命力。基于分散式村落发展方式带来基础设施配套困难、农村经济活力缺乏、农村集体意识淡化、教育卫生环境很难得到改善等众多的发展问题，规划立足于老村整治与新村发展协同，采用村民参与规划方式，引导农民向新村集聚，提高村庄规模，在整体提高沙湖村环境质量与村民生活水平的同时，提升村庄社会经济效益，促进地方的可持续发展。

II.1.05
广州城市中心体系规划

设计人员：杨俊宴、王兴平、谭瑛、雒建利、胡明星等

编制时间：2008.9 — 2009.4

项目规模：7600km²

委托单位：广州市规划局

获奖情况：1. 2009 年度江苏省城乡建设系统优秀勘察设计二等奖
     2. 2010 年度江苏省优秀工程设计二等奖
     3. 2011 年度教育部优秀勘察设计三等奖

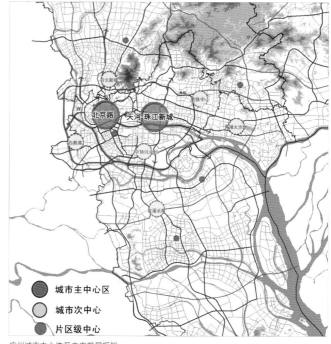

广州城市中心体系未来发展框架

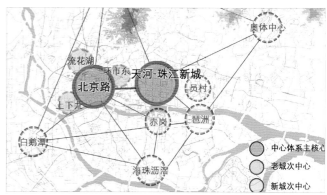

中心体系框架

数字城市意象研究

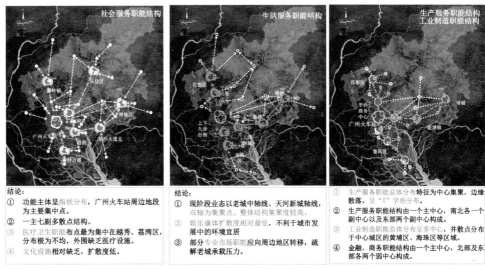

结论：
① 功能主体呈指状分布，广州火车站周边地段为主要集中点。
② 一主七副多散点结构。
③ 医疗卫生职能布点最为集中在越秀、荔湾区，分布极为不均，外围缺乏医疗设施。
④ 文化设施相对缺乏，扩散度低。

结论：
① 现阶段业态以老城中轴线、天河新城轴线，双轴为集聚点。整体结构集聚度较高。
② 娱乐康体扩散度相对最低，不利于城市发展中的环境宜居。
③ 部分专业市场职能应向周边地区转移，疏解老城承载压力。

结论：
① 生产服务职能总体分布特征为中心集聚，边缘散落，呈"T"字形分布。
② 生产服务职能结构由一个主中心，南北各一个副中心以及东部两个副中心构成。
③ 工业制造职能总体分布呈多中心，并散布分布在中心城区的黄埔区、海珠区等区域。
④ 金融、商务职能结构由一个主中心，北部及东部各两个弱中心构成。

广州城市职能结构研究

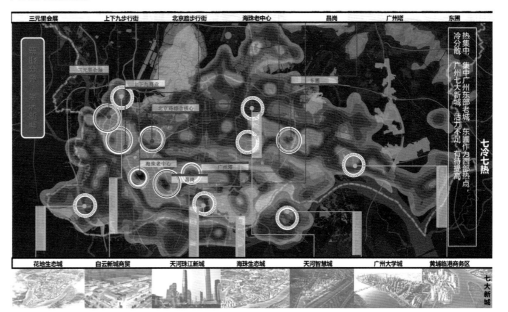

主城区人群活力研究

　　这是全国第一个中心体系规划项目。广州是靠山滨水的历史文化名城，经济市场化和国际化程度居全国领先行列，在我国特大城市中具有一定的代表性，对其城市中心体系的研究具有一定的类型意义，从而为中国特大城市中心体系的发展机理和有序控制等方面做出推广研究示范。作品在规划理论方面采用了城市中心体系发展理论、中心区空间演替理论和中心区空间与产业发展协同理论，并以此指导广州城市中心体系的发展；在技术方法方面采用墨菲指数技术界定中心区范围，并利用GIS空间分析技术建构国内外特大城市中心体系数据库，进行定量的横向比较分析，剖析广州中心区发展演替的形态特征；采用高端服务产业发展指标体系，综合分析服务产业发展前景及其对公共中心的空间需求，以此获得未来城市中心体系的最优布局形态；在控制手段方面，建构中心体系框架，对其采用多元分级控制，综合研究中提出的12个现存问题及解决途径和5种发展策略，全部落实到规划中的各个中心区，形成从功能、空间、交通、景观等不同方面的控制途径，应对城市发展不同时段的管控需求。该项目对当时正在开展的2010-2020广州总体规划编制工作起到相关的技术支撑作用。

II.2 总体城市设计
II.2.01
蓬莱市立体空间形态
与风貌特色规划

项目地点：山东蓬莱

设计人员：段进、邵润青等

设计时间：2008 － 2009

项目规模：47km²

委托单位：蓬莱市规划局

获奖情况：2011 年度全国优秀城乡规划设计一等奖

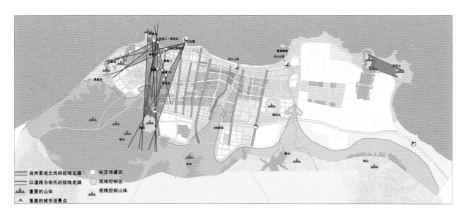

城市景观视廊规划控制图

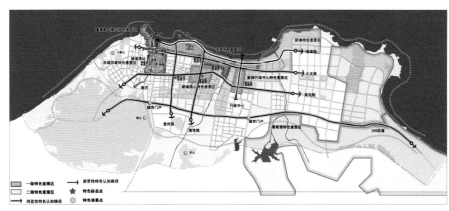

城市景观视廊规划控制图

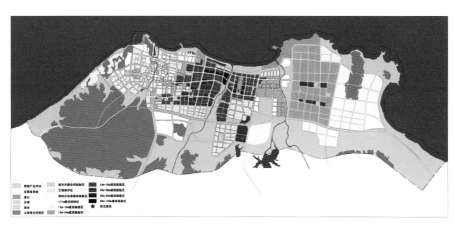

建筑高度规划控制图

总体效果

　　蓬莱在"保护老城"的过程中取得了令人称道的成绩，蓬莱阁美景依旧，老城风貌尚存。但是，近些年来，围绕名城保护范围之外，尤其是新区应该如何发展的问题，产生了巨大的分歧。

　　蓬莱市立体空间形态与风貌特色规划属于问题导向性总体城市设计。规划目标直接针对蓬莱规划管理实践中，特别是新区发展中，所困扰的景观风貌特色营造和空间形态控制问题。研究范围是蓬莱市中心城区 184 km^2，规划设计范围约 47 km^2。

　　城市发展和特色保护如何双赢，古城保护、文化、旅游、发展、建设、规划等诸多部门，政府、市民、游客、专家等诸多视角都有不同的观点和利益诉求。面对巨大分歧，开放参与

主体、开放规划编制过程，进行广泛互动协商，为蓬莱的空间形态控制寻找支点，成为规划的首要任务。规划的形成结合了有效的公众参与方法，从规划的技术路线、技术方法的制定开始，就在各方的不断交流中不断修正。最终，通过开放性沟通，规划终于找到了多方可以认同的核心价值——对于"人间仙境"的文化共识——由此形成规划的支点：（1）保护"人间仙境"的景观意象。特别是滨海岸线和蓬莱阁等重要观景点的视觉意象应保护并强化。（2）"山海城阁"的景观构成通过山海关系、城海关系、山城关系、城阁关系的研究，在技术上加以保证。（3）海洋文化、神仙文化、精武文化、葡萄酒文化的独特文化体系在形态中系统体现。（4）"府城、水城、沙城——三城并置"的老城特点得到加强。

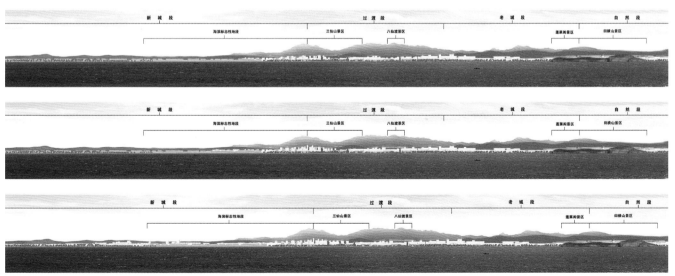

城市天际线和滨海轮廓线规划控制图

II.2.02
南京总体城市设计
(2007-2020)

设计人员：王建国、阳建强、高源、王承慧、孙世界、吴晓、董卫等
编制时间：2008.10- 2009.6
项目规模：4388km²
获奖情况：1. 2012 年度江苏省优秀工程设计二等奖
　　　　　2. 2013 年度全国优秀城乡规划设计二等奖

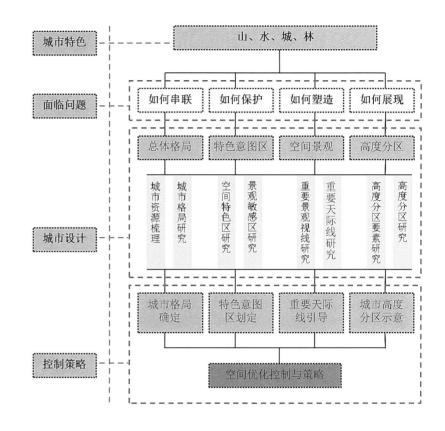

"南京总体城市设计"项目意图从构筑优美的城市空间环境形象和加强城市土地利用调控角度出发，通过对南京自然山水特征和历史文化特色的把握，以及对南京现有相关城市设计成果的整合与优化，明确南京未来城市空间形态的总体框架与发展思路，为南京总体规划相关内容的修编提供依据，并为下一步城市设计工作的开展提供指南。

规划范围分三个层次：南京市域（约为6582km²），南京一城三区（约为4388km²），中心区、滨水区、历史地段、门户节点等南京城市重点地段。

设计将南京城市特色发展趋势为"在城市规模不断扩张的同时，努力寻找城镇建设发展与虎踞龙盘，襟江带湖的自然格局，以及沧桑久远、精品荟萃的历史人文生态资源的再度协调与交融"。

针对南京城市空间形态优化主要面临的"如何串联、如何保护、如何展现、如何塑造"的问题，确定了"总体格局、特色意图区、空间景观、高度分区"四个主要的规划设计方向，同时对每个专题设计的结构要素提供了导则指引。

在总体格局方面，综合历史空间格局、开敞空间格局、建设开发格局与空间景观格局的特点，提出以"三环圈层"为特征的南京城空间结构。三环圈层及其间分布的多条联系绿楔，奠定了南京"主城—副城—新城"的建设开发格局，串接诸多具有历史、空间、景观特征的认知节点、轴线、路径与区域，并对各格局认知要素提出导则指引。在特色意图区方面，从"空间特色区"与"景观敏感区"两个角度划定若干包括自然山水、历史文化、现代风貌以及活动和视觉感知途径清晰的敏感区等类型的重要南京城市特色意图区，并对其未来空间发展提出相关控制引导。在空间景观方面，依据景观视线评价，明确南京城重要的景观视线37条，同时依据城市视觉体验中"景观视线"与"景观界面（天际线）"的概念与联系，提出南京城市沿玄武湖、紫金山、新街口、滨江南北岸共4组（5条）重要的城市景观界面，赋予其滨湖、临山、现代都市与滨江临山的界面特征。在高度分区方面，以历史人文、开敞空间、城市景观与用地功能四重结构性要素的综合评判为技术路线，提出城市建设开发高度分区"三环圈层网络控制、片区多点优先"的构想，并对城市各功能区域提出高度控制导则。

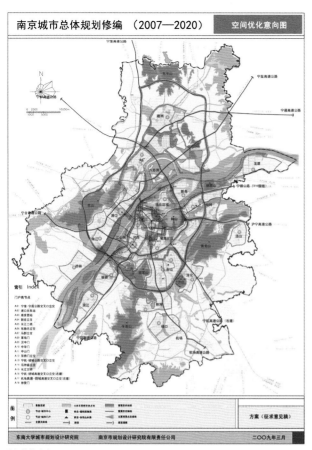

空间优化意向图

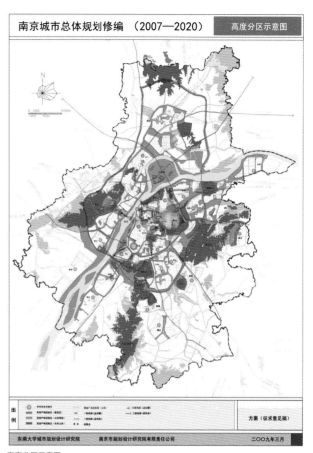

高度分区示意图

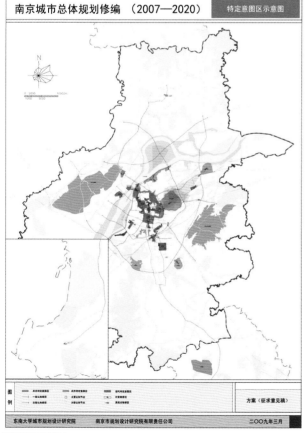

特定意图区示意图

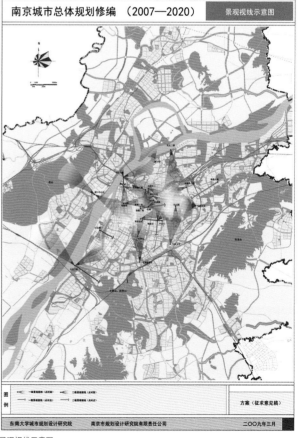

景观视线示意图

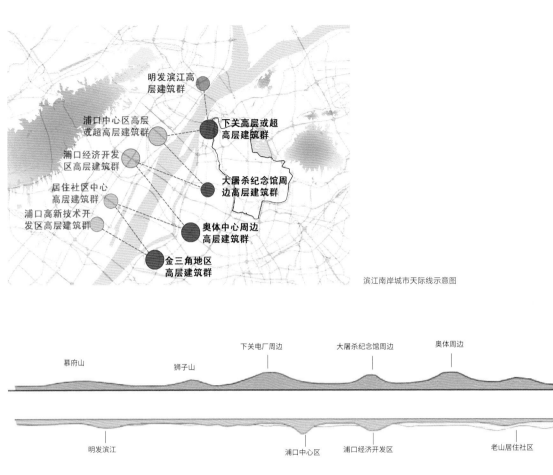

滨江南岸城市天际线示意图

明发滨江高层建筑群
浦口中心区高层或超高层建筑群
浦口经济开发区高层建筑群
居住社区中心高层建筑群
浦口高新技术开发区高层建筑群
下关高层或超高层建筑群
大屠杀纪念馆周边高层建筑群
奥体中心周边高层建筑群
金三角地区高层建筑群

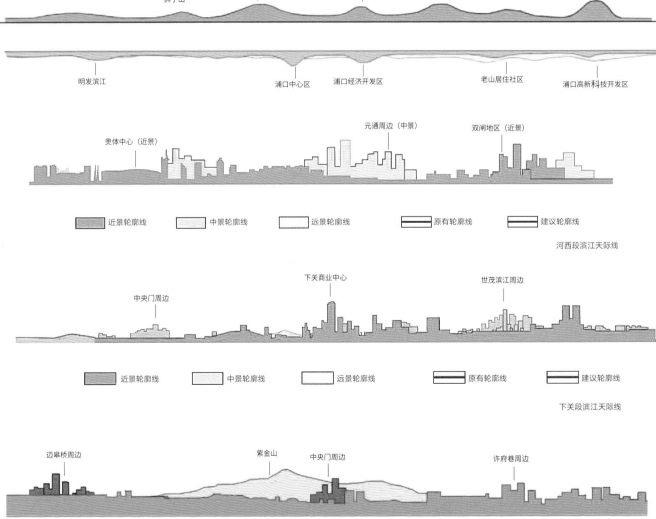

慕府山　　狮子山　　下关电厂周边　　大屠杀纪念馆周边　　奥体周边　　金三角

明发滨江　　浦口中心区　　浦口经济开发区　　老山居住社区　　浦口高新科技开发区

奥体中心（近景）　　元通周边（中景）　　双闸地区（近景）

近景轮廓线　　中景轮廓线　　远景轮廓线　　原有轮廓线　　建议轮廓线

河西段滨江天际线

中央门周边　　下关商业中心　　世茂滨江周边

近景轮廓线　　中景轮廓线　　远景轮廓线　　原有轮廓线　　建议轮廓线

下关段滨江天际线

迈皋桥周边　　紫金山　　中央门周边　　许府巷周边

远景天际线　　中景天际线　　建议增加轮廓线

滨江南岸城市天际线示意图

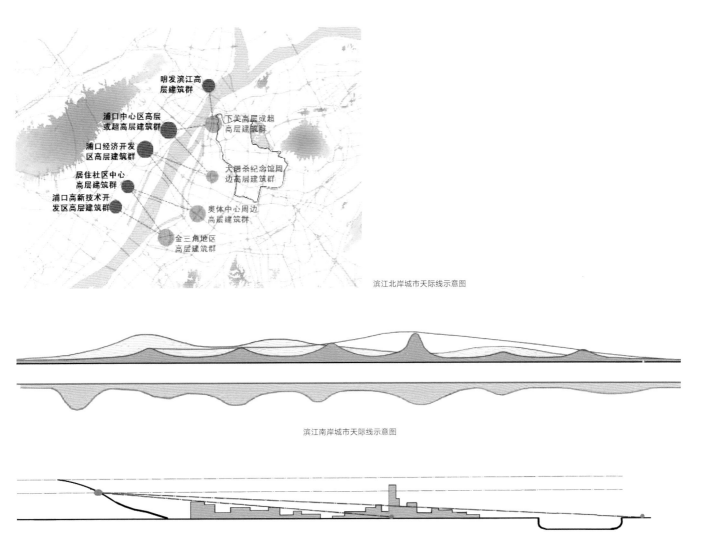

滨江北岸城市天际线示意图

滨江南岸城市天际线示意图

滨江北岸城市天际线示意图

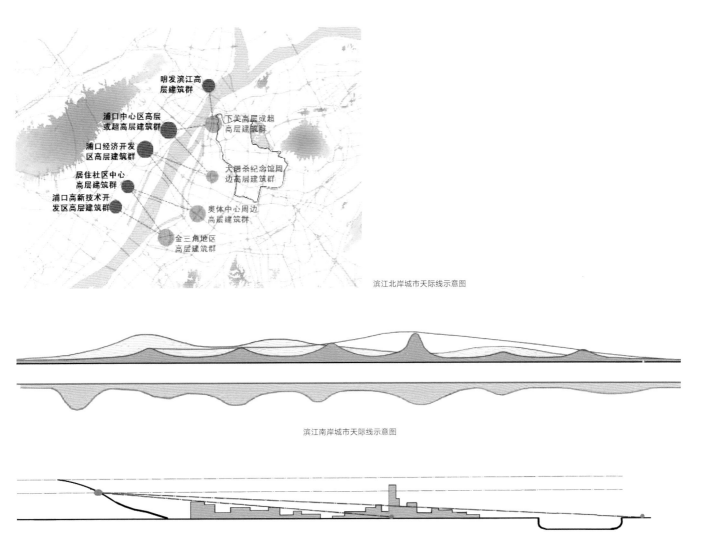

II.2.03
常州市中心城区
总体城市设计

设计人员：段进、季松、李亮等
编制时间：2011－2013
项目规模：700km²
委托单位：常州市规划局
合作单位：常州市规划设计院
获奖情况：1. 2013 年度全国优秀城乡规划设计二等奖
　　　　　2. 江苏省优秀工程设计一等奖

常州市中心城区总体城市设计研究范围为常州市区，含武进、天宁等 5 个行政区，面积 1872km²；其中约 700km² 的中心城区是城市设计的主要范围。

一方面虽然常州特色景观与文化资源丰富，但现状空间存在系统性与特色性不强的问题；另一方面，市辖的 5 个区建设热情高涨、竞争激烈，由于缺乏有效的城市总体层面的控导，各区规划建设往往各自为政。此外，缺乏有效的技术方法与管理制度的支撑，不少城市设计成果难以落实与执行。

应对挑战，从系统整合、特色强化及控导落实入手，规划重点进行了以下 4 方面的探索与创新。第一，筛选设计与控导的关键要素，强化空间特色和多维系统的设计与整合；第二，重视与管理主体和法定规划的对接，构建三级控导系统；第三，制定"便于管控"的图则与管理手册，并提出配套的政策建议；第四，秉持过程合理的规划理念，探索与总体城市设计相适应的工作与技术方法

"筛选要素、设计网络—分级控导、落实载体—制定图则、强化管控"的技术路线，分级控导对接管理的成果形式，以及过程合理的工作方法，为同类型的城市设计提供了一种可供参考的思路。目前，规划成果已成为《常州市城乡统筹规划》、《常州市中心体系规划研究》等规划的重要依据，同时也为部分地区控规的修编，东经 120 地区、钟楼新城中心区等特色区的城市设计编制以及下一步中心城区数字化空间模型的建立、城市总体规划的修编提供了坚实的技术支撑。

东塔特色区景观整治后整体效果

东塔特色区 | 东坡公园及运河沿岸 | 景观整治后的效果

空间结构系统

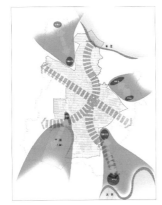

四角山水的特色空间

图例

○ 高架环
○ 高速环
○ 外围生态环
⟷ 城市空间轴线
— 京杭运河文史带
核心城区
南部新城
北部新城
东部新城
西部新城
西太湖科技新城
绿楔

市级总体控导体系暨具体控导空间载体

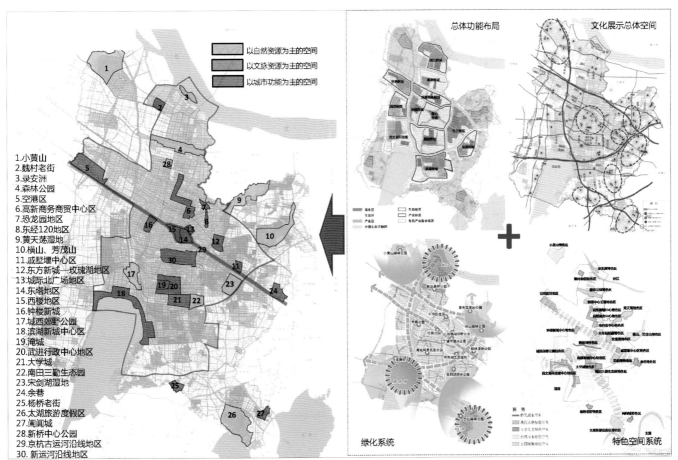

以自然资源为主的空间
以文脉资源为主的空间
以城市功能为主的空间

1.小黄山
2.魏村老街
3.录安洲
4.森林公园
5.空港区
6.高新商务商贸中心区
7.恐龙园地区
8.东经120地区
9.黄天荡湿地
10.横山、芳茂山
11.戚墅堰中心区
12.东方新城—玫瑰湖地区
13.城际北广场地区
14.东塔地区
15.西楼地区
16.钟楼新城
17.城西郊野公园
18.滨湖新城中心区
19.淹城
20.武进行政中心地区
21.大学城
22.南田三勤生态园
23.宋剑湖湿地
24.余巷
25.杨桥老街
26.太湖旅游度假区
27.阖闾城
28.京杭古运河沿线地区
29.京杭古运河沿线地区
30.新运河沿线地区

重点控制引导

总体功能布局

文化展示总体空间

绿化系统

特色空间系统

II.2.04
郑州中心城区
总体城市设计

设计人员：王建国、杨俊宴、王晓俊、孙世界、
　　　　　王兴平、徐春宁、朱彦东、陶岸君、马进等
编制时间：2011.9 — 2013.6
项目规模：990km²
合作单位：郑州市规划勘测设计研究院
获奖情况：1. 2014 年江苏省城乡建设系统
　　　　　　优秀勘察设计（城市规划）一等奖
　　　　　2. 2015 年江苏省第十六届优秀工程设计一等奖
　　　　　3. 2015 年度全国优秀城乡规划设计奖
　　　　　　（城市规划类）一等奖

总体城市设计鸟瞰效果图

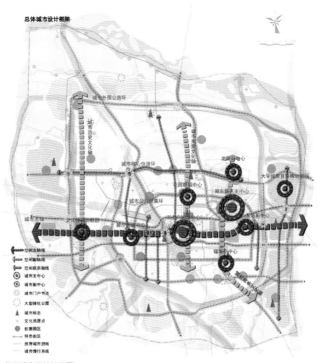

总体城市设计框架

总体城市设计结构图

总体城市设计鸟瞰效果图

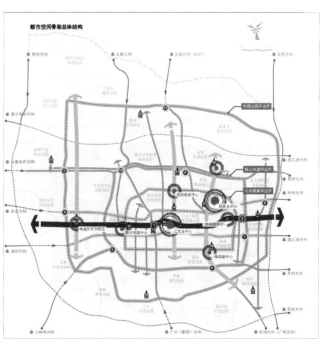

都市空间骨架总体结构

都市空间骨架总体结构

生态绿地骨架总体结构

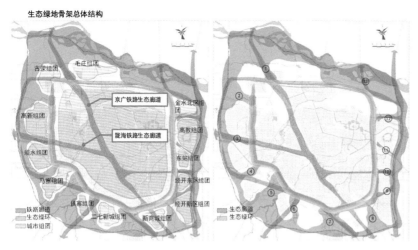

生态绿楔指标控制表

编号	绿楔名称	绿楔所处位置	绿楔宽度控制最小值
1	京广铁路西北角生态绿楔	毛庄组团与古荥组团之间	2.0km
2	荥阳古城生态绿楔	古荥组团与高新组团之间	2.5km
3	陇海铁路西侧生态绿楔	高新组团与须水组团之间	1.5km
4	常庄水库生态绿楔	须水组团与马寨组团之间	1.5km
5	西南林区生态绿楔	马寨组团与侯寨组团之间	4.0km
6	大学路南延线生态绿楔	侯寨组团与二七新城组团之间	2.0km
7	南水北调工程生态绿楔	二七新城组团与新商城组团之间	3.5km
8	京港澳高速生态绿楔	新商城组团与经开新区组团之间	2.5km
9	南环路延线生态绿楔	经开新区组团与经开东区组团之间	0.5km
10	陇海铁路东侧生态绿楔	经开东区组团与东站组团之间	1.0km
11	文苑南路生态绿楔	东站组团与高教组团之间	0.5km
12	连霍高速生态绿楔	高教组团与金水北区组团之间	1.0km
13	黄河湿地风景区生态绿楔	金水北区组团与毛庄组团之间	15.0km

生态绿地骨架总体结构

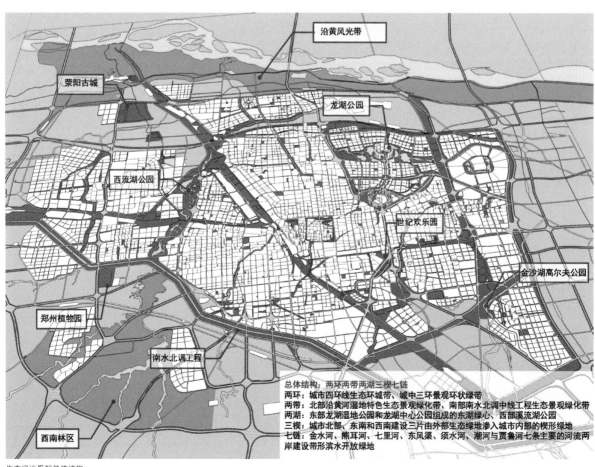

总体结构：两环两带两湖三楔七链
两环：城市四环线生态环城带、城中三环景观环状绿带
两带：北部沿黄河湿地特色生态景观绿化带、南部南水北调中线工程生态景观绿化带
两湖：东部龙湖湿地公园和龙湖中心公园组成的东湖绿心、西部溪流湖公园
三楔：城市北部、东南和西南建设三片由外部生态绿地渗入城市内部的楔形绿地
七链：金水河、熊耳河、七里河、东风渠、须水河、潮河与贾鲁河七条主要的河流两岸建设带形滨水开放绿地

生态绿地骨架总体结构

"郑州中心城区总体城市设计"项目从宏观层面对城市空间进行整体引导和控制，研究确定城市空间的总体形态，并在城市开放空间、文化设施、生态环境、城市结构等方面表达城市发展意图与要求。适用于郑州市990km²的中心城区范围。在对既有城市设计成果梳理整合的基础上，结合上位规划的要求，以中心城区的整体空间塑造为目标，对既有规划所确定的用地性质、建设强度分区、空间形态高度分区、道路网络、公共设施布局等方面进行系统分析和研究的基础上，着重对城市特色的凝练、空间形态结构、密度高度分区、开敞空间的组织、特色意图区的划定及城市形象设计系统进行规划，开展特定意图区城市设计，通过可视化的三维形体表达，展示城市空间形态和结构特征，并提出建设时序和开发模式的建议与控制导则。

　　"郑州中心城区总体城市设计"项目在研究分析郑州都市区空间发展战略规划、郑州市总体规划的基础上，整体把握和明确城市空间发展目标，提出"华夏故里、中原枢纽、黄河绿都"的发展战略定位；将城市及其周边自然要素的整体作为研究对象，从中原经济区、郑州市域、都市核心区、主城——航空港经济区等层面上提出城市空间结构，制定"一脉贯通，双心凝核，三轴为枢，四环聚城"的总体城市空间发展框架；从城市都市空间骨架、生态绿地骨架、文化活动骨架等多维角度，对郑州中心城区的中心、轴线、节点、廊道、绿道、游憩、文脉、风貌、活动等进行整体性安排，构建适度超前、富有弹性的总体城市设计框架。

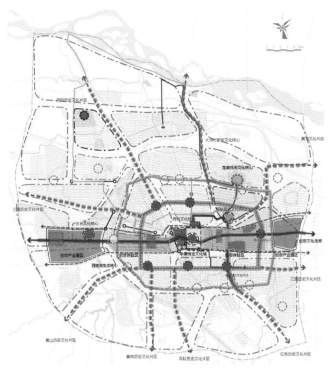

文化空间骨架总体结构

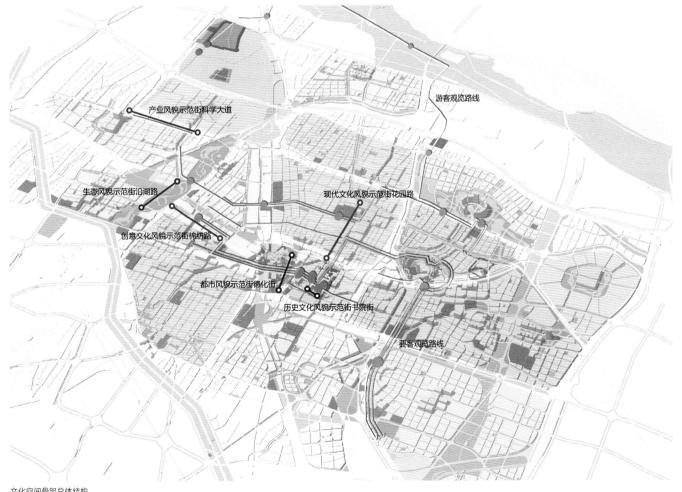

文化空间骨架总体结构

II.2.05
蚌埠市总体城市设计

设计人员：王建国、杨俊宴、谭瑛、沈旸、陶岸君、朱彦东等
编制时间：2013.10 — 2014.6
项目规模：468km²（其中建设用地 220km²）
获奖情况：2016 年江苏省城乡建设系统优秀勘察设计一等奖

王建国院士手绘蚌埠市总体城市设计概念草图，2014 年 1 月 13 日成稿

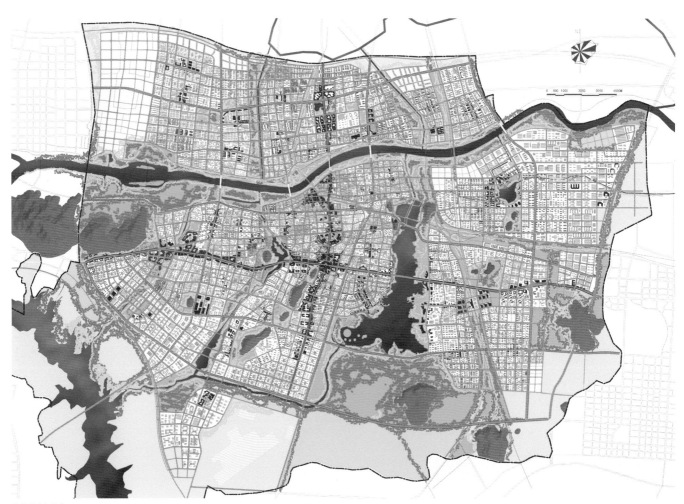

总体城市设计总平面图

总体城市设计鸟瞰效果图

总体城市设计鸟瞰效果图

　　"蚌埠市总体城市设计"项目规划范围为蚌埠市中心城区空间增长边界，为蚌埠市市区行政辖区范围内宁洛高速公路以南部分，总面积468km²，建设用地220km²。本次总体城市设计通过区域定位和空间特色把握，营造城市总体空间骨架结构，并通过山水骨架、城市骨架、文化骨架三个层面对蚌埠整体山水空间结构展开规划。通过城市天际线体系、视觉廊道体系、开敞空间体系、地标节点体系及游憩活动体系对蚌埠城市空间与山水关系的提出体系化控制的思路。在骨架及体系控制的基础上，对蚌埠山水城市的重点空间场景展开控制，提出蚌埠城市15个典型场景，作为蚌埠的山水城市名片。

　　山水城市一直都是中国传统城市营建的理想范型，亦具中国城市的普遍特点。在中国改革开放以来三十多年的快速城镇化进程中，山水型城市的发展矛盾尤为突出。东方山水城市具有城市人居空间与山水脉络相融相织的独特城市格局，东方山水城市的价值导向、山水格局的整体保护、空间营造与特色彰显，是中国山水城市发展中的普适性问题。山水城市的发展导向下，蚌埠在总体城市设计理念上采取"适宜、适度、适当"的新型城镇化模式，通过山水城市总体城市设计的相应方法，建设"宜居、宜业、宜游"的山水淮城。在城市发展形态上，由原本的外延规模扩张转向内涵品质提升，强调公共活动有效聚合和功能布局有机混合；在城市发展方式上，由原本的粗放式发展转向集约式发展，强调空间职能高效集约和交通廊道高效聚合；在发展动力上，由原本的效益优先转向以人为本，强调历史现代文化融合和生态绿化网络聚合。

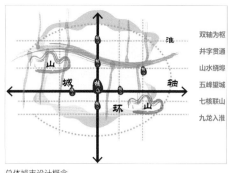

双轴为枢
井字贯通
山水绕埠
五峰望城
七核联山
九龙入淮

总体城市设计概念

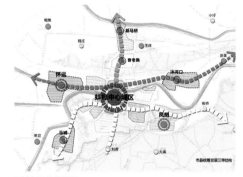

区域空间结构引导

项目组全体成员手绘蚌埠市总体城市设计平面大草图，2014 年 3 月 10 日成稿

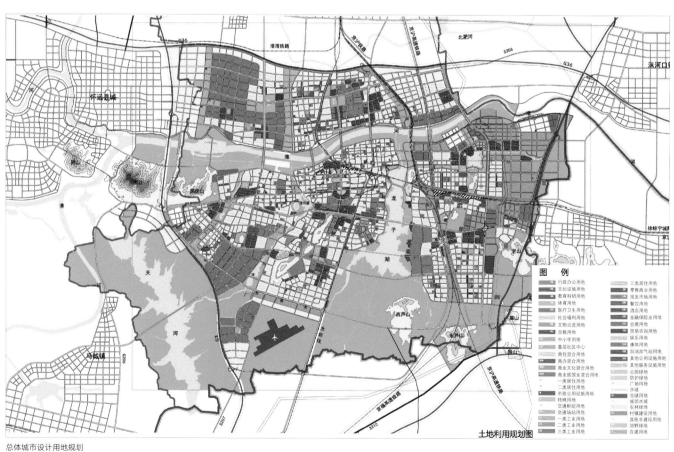

总体城市设计用地规划

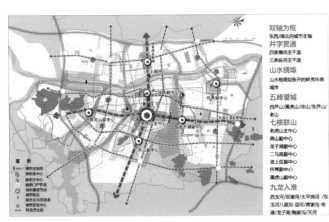

总体城市设计结构

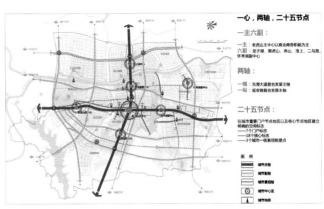

城市空间骨架总体结构

城市山水骨架总体结构

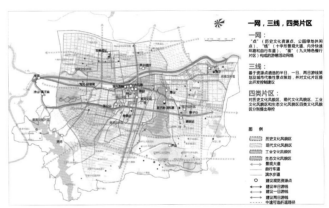

城市人文骨架总体结构

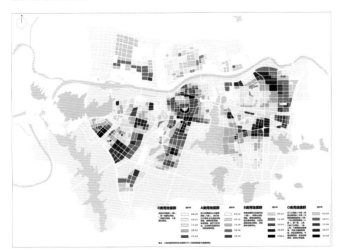

城市强度分区

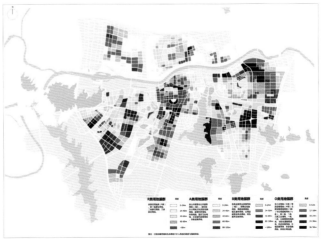

城市高度分区

II.3 区段城市设计
II.3.01
桂林城市中心区环城水系规划设计

设计人员：吴明伟、段进、刘博敏、王承慧、权亚玲、雒建利等
编制时间：1999
项目规模：8km²
委托单位：桂林市规划局
获奖情况：国际竞赛一等奖

榕湖景区鸟瞰图

木龙湖景区鸟瞰图

模型照片1

模型照片2

桂林城市中心区环城水系规划设计

    独特的山水格局构成了桂林享誉世界的城市特色。桂林市政府于1999年组织了"中心城环城水系设计"国际竞赛活动，东南大学城市规划设计研究院在与美国、法国、日本和中国台湾等多家知名设计机构共同参与的方案征集活动中获奖。

    方案设计对如何在历史性保护地段重构中心区的使用功能，在物质环境建构中怎样对待历史与自然环境的保护与发展，并由此强化和创造富有地方特色的城市环境等具有普遍意义的问题上进行了认真的探讨。

    规划中充分考虑到"四朝古城"的城市格局和山水城市的景观形态，在空间组织中展现古城历史风貌，强化桂林"山—水—城"景观特色将各种空间要素有机组合，形成"四湖两江一环，两轴九岭一中心"丰富而独特的整体空间结构。

桂林市中心城环城水系规划实景系列照片

总体鸟瞰图

II.3.02
苏州环古城风貌保护工程
西段详细规划

设计人员：段进、徐春宁、张麒、雎建利、朱仁兴、罗洋等
编制时间：2002
项目规模：131.7hm²
委托单位：苏州市规划局
获奖情况：2005 年度全国优秀城乡规划设计一等奖

苏州环古城——阊门节点规划实施后

苏州环古城——胥门节点规划实施后

苏州环古城——阊门节点全景

区段城市设计

159

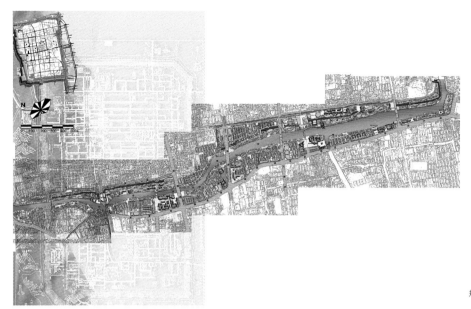

规划总平面图

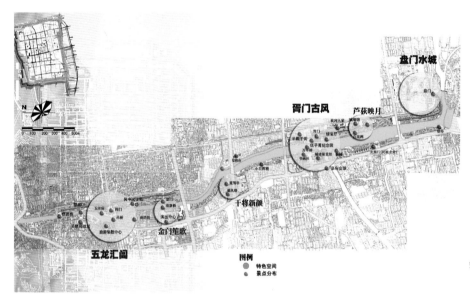

盘门水城

胥门古风

芦荻映月

五龙汇阆

金门维欧

干将新颜

图例

⬤ 特色空间

⬤ 景点分布

空间特色与景点分布

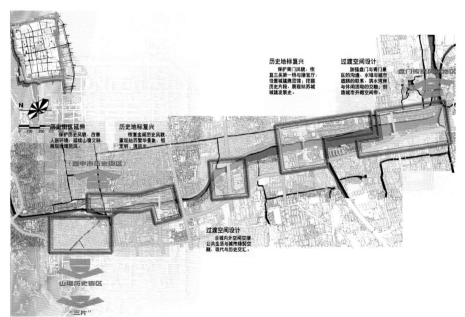

历史地标复兴
保护胥门风貌，恢复三吴第一桥与接官厅，设置城建展馆，挖掘历史片段，展现姑苏城城建发展史。

过渡空间设计
加强盘门与胥门景区的沟通，水城与城市遗迹的联系，滨水河岸与休闲活动的交融，创造城市开放空间带。

盘门传统风貌保护区

历史街区延伸
保护历史风貌，改善人居环境，延续山塘文脉，展现塘域民风。

（留中市历史街区）

历史地标复兴
恢复盘门历史风貌，重现姑苏繁华景象，锁定明、清风光。

过渡空间设计
古城内外空间交接，公共生活与城市绿契交融，现代与历史交汇。

山塘历史街区

"三片"

历史文脉定位规划图

苏州环古城规划展示馆节点（28 届世遗大会主会场）规划实施后

苏州环古城规划实施效果鸟瞰

环古城地区不仅是苏州古城保护的重点对象，也是现代城市空间结构的新、老城过渡核心区域。在城市发展中，环古城地区面临着错综复杂的问题——整体构架破碎，环境品质堪忧，交通压力剧增，设施配套不足，文化氛围丧失等。

规划着重处理城市建设中历史与现实、新与旧的矛盾关系，针对古城格局的保护、文化资源的利用、生态环境的改善、老旧建筑更新城市活力的提升、新老城过渡以及规划实施的可行性等问题展开系统探索及创新。主要创新点包括：1. 严格保护历史文物，重点突出遗迹的整体系统性规划，强化古城格局。2. 深入挖掘地域文化资源，系统有机地整合利用，传承古城文脉。3. 降低用地强度，构筑水陆交通双环和换乘系统，缓解古城压力。4. 构筑文化走廊，结合旅游、商贸、休闲，提升古城活力。5. 重视公共空间和绿地系统整合，强化生态链，改善古城生态环境。6. 探索多层次的尺度组合，多维度的城市设计，实现新、老城发展的和谐过渡。

项目位于老城，涉及范围广，实施难度较大，主要的一、二期分别于 2003 年、2004 年按规划建成，社会反应良好，不仅得到包括贝聿铭、世界遗产中心在内的等国内外多位专家、机构的好评，还被苏州民众评为"美丽新苏州"十大工程之首，尤其是位于胥门节点的苏州规划展示馆被选做第 28 届世界遗产大会主会场，大会期间成为世界瞩目的中心。

自新市桥远眺瑞光塔（整治）

II.3.03
南京浦口中心城区
概念性城市设计

设计人员：阳建强、孙世界、吴晓、王承慧、王兴平、胡明星、朱彦东等
编制时间：2009.7 － 2010.3
设计规模：约 180km²
委托单位：南京市规划局
合作单位：南京市规划设计研究院有限公司
获奖情况：1. 2011 年全国优秀城乡规划设计二等奖
    2. 2011 年江苏省城乡建设系统优秀勘察设计二等奖
    3. 2012 年度江苏省优秀工程设计二等奖

高度综合评价的理想模型

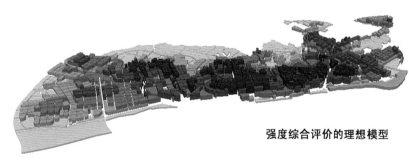

强度综合评价的理想模型

密度综合评价的理想模型

GIS 综合评价图

南京浦口中心城区概念性城市设计是对浦口地区总体规划的补充、优化，也为下一步控规调整和地段城市设计提供指导。设计特色与创新体现在如下方面：1. 此概念性城市设计与城市总体规划和分区规划相对应，强调全局范围内的城市空间系统的梳理和控制，以及宏观层面城市空间景观发展政策的引导；2. 设置了城市空间演进、现状资源评价、土地利用评价、城市空间评价和公共参与调查等 5 大专题研究；3. 基于 GIS 数字技术平台，应用因子分析、层次分析、空间分析等技术方法，尝试了控规评价数字模型、开敞空间因子模型等方面分析，建立了基于空间多因子分析的建筑高度与强度控制模型，重点对规划区内不同时间、不同背景下的十几项控制性规划进行整合和评价；4. 凝练了特色空间系统、景观系统、开敞空间系统以及城市形态系统等城市空间要素，明确了浦口中心城区未来城市空间形态的总体框架与发展思路，突出了空间优化的作用，制定了土地开发强度控制、土地建设高度与密度控制；5. 以空间系统城市设计导则与特色意图区城市设计导则，将城市形态引导与城市规划管理工作有机地结合起来；6. 建立了一套完整的城市空间特色体系，合理确定了浦口中心城区城市设计的典型要素、基本内容及重点，对浦口中心城区城市特色营造、城市形象提升和土地利用调控起到了积极的指导作用。

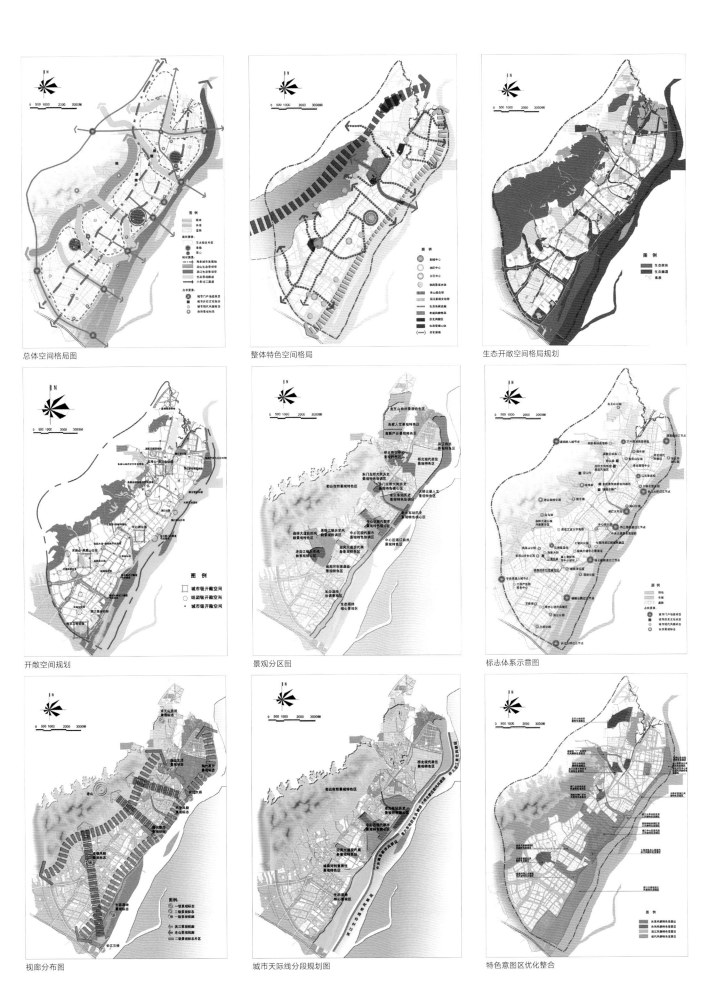

总体空间格局图

整体特色空间格局

生态开敞空间格局规划

开敞空间规划

景观分区图

标志体系示意图

视廊分布图

城市天际线分段规划图

特色意图区优化整合

II.3.04
苏州火车站地区
综合改造城市设计

设计人员：段进、季松、张麒、李亮、刘红杰等
编制时间：2006－2007
项目规模：230 hm²
委托单位：苏州市规划局
获奖情况：1. 2013 年度全国优秀城乡规划设计二等奖
　　　　　2. 江苏省优秀工程设计一等奖

站前空间透视图

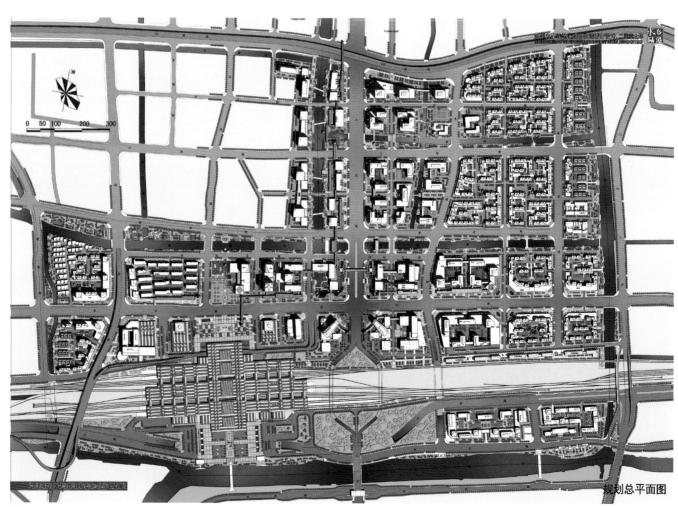

规划总平面图

总平面图

苏州火车站地区南临古城，北连平江新城中心，东接苏州新加坡工业园区，西至苏州高新技术开发区，规划面积约 2.3km²。作为苏州城市北拓发展轴上的重要一环，苏州火车站地区有望成为交通与服务整合的新型城市空间，生机与活力激扬的综合功能区域，形象与文脉交融的城市标志性地段。

鸟瞰

简单套用、模仿的规划技术手段无法应对该地区复杂的交通组织、功能统筹等现实问题。规划结合以往的研究和实践，围绕"探索原型空间—耦合形式功能—控制风貌尺度—仿真模拟检验"这一规划技术路线。进行四方面的创新与探索：1. 科学解析原型空间形态，开辟苏州新空间创造的新途径，提炼出"廊空间"等原型空间的新型式；2. 将苏州本土新空间形式与现代 TOD 模式有机融合，创造形象与功能兼备的新枢纽核心区。3. 强化风貌与尺度的控制与引导，促进新、老城空间的有机缝合。4. 依托仿真模拟进行视觉校验，确保苏州新空间的真实感受。

平江新城门户空间鸟瞰图

作为苏州历史上投资规模最大、项目最多的综合性改造工程，在开工建设的六年时间里，本规划对苏州火车站地区的建设起到了重要的控制和引导作用，累计完成火车站主体改扩建工程等七大类，60 多子项的建设。

今天的苏州火车站地区，风貌特色显著，空间尺度宜人，古城与新城和谐并存，规划设想的"水乡陆港、姑苏门户"的整体空间特色逐步得到彰显，良好的实施效果得到了社会各界的一致好评。

1、北环快速路隧道

3、平门桥

2、北环快速路隧道

4、人民路下穿沪宁铁路节点

2、北环快速路隧道

5、人民路下穿沪宁铁路节点

6、齐门路下穿沪宁铁路节点

实施照片

II.3.05
苏州市虎丘周边地区城市设计

主要成员：段进、张麒、钱艳、何舒炜、朱仁兴、赵薇等

设计时间：2010 － 2011

项目面积：350 hm²

委托单位：苏州虎丘投资建设开发有限公司 苏州市规划局

项目名称：苏州市虎丘周边地区城市设计

获奖情况：2013 年度全国优秀城乡规划设计二等奖

鸟瞰

轴线透视

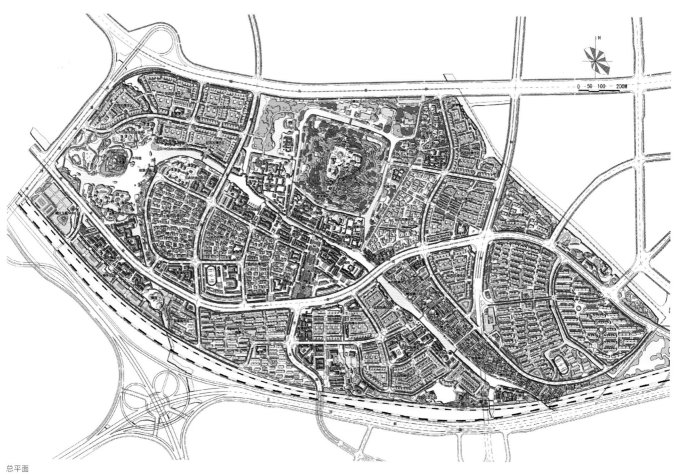

总平面

虎丘 I 鸟瞰

山前闹市

山塘河远眺虎丘

　　虎丘是苏州的一个重要传统地标，在国内外均享有盛誉。然而长期以来虎丘周边地区基础设施薄弱、市容环境不佳、道路交通拥堵、违章搭建蔓延、安全隐患较多，已然成为美丽苏州的一大遗憾。

　　本次规划总用地面积 349.34hm²。规划以问题为导向，从全面凸显和强化虎丘地区的场所特质，并维护住现有社会网络的稳定发展这两方面着手，进行技术创新，包括：1. 再现场所特征入手，集成创新"提炼特征—彰显意境—强化地标"三步走的规划技术路线，全面复兴古城传统地标区的独特神韵；2. 着眼人、产根留本土，将现有产业的转型升级与居民生活空间的改善相结合，探索旧城更新中，维护现有社会网络稳定发展的新途径；3. 深入细致地开展规划前期研究、高度重视设计理念的精细空间落实，全面提升规划的实效性。

　　本规划对苏州虎丘周边地区的建设起到了重要的控制和引导作用。曾经破败不堪的虎丘周边地区正迎来华丽转身，绿楔入城的空间意象得以完整保留，吴韵流芳的山塘水岸正重现昔日的繁华，婚纱产业集聚区正按规划全面实施，虎丘山空间轴线及山塘河西延都已进入建筑方案设计，传统地标区的场所特征得到进一步加强，地区产业与社会生活也得以延续，一幅新时期的"盛世滋生图"正悄然绘就。

区段城市设计

167

II.3.06
南京青奥村地区整体规划与城市设计

设计人员：段进、陈晓东、钱艳、刘红杰、赵薇、高尚等
编制时间：2011 - 2013
项目规模：175hm²
委托单位：南京市规划局
获奖情况：2015年度全国优秀城乡规划设计一等奖

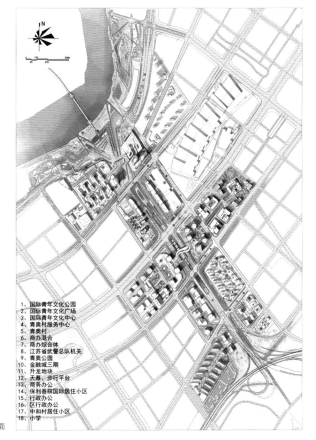

1、国际青年文化公园
2、国际青年文化广场
3、国际青年文化中心
4、青奥村服务中心
5、青奥村
6、商办混合
7、商办综合体
8、江苏省武警总队机关
9、青奥公园
10、金融城三期
11、升龙地块
12、天幕、步行平台
13、商务办公
14、保利香槟国际居住小区
15、行政办公
16、区行政办公
17、中和村居住小区
18、小学

规划总平面

规划效果图

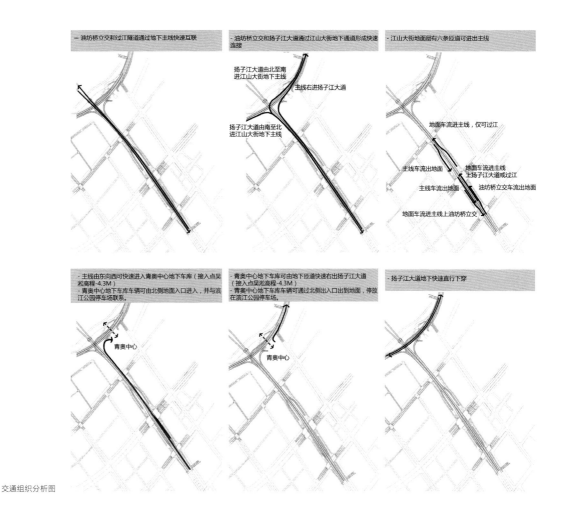

- 油坊桥立交和过江隧道通过地下主线快速互联

- 油坊桥立交和扬子江大道通过江山大街地下通道形成快速连接

扬子江大道由北至南进江山大街地下主线

主线右进扬子江大道

扬子江大道由南至北进江山大街地下主线

- 江山大街地面层有六条匝道可进出主线

地面车流进主线，仅可过江

主线车流出地面

地面车流进主线上扬子江大道或过江

主线车流出地面

油坊桥立交车流出地面

地面车流进主线上油坊桥立交

- 主线由东向西可快速进入青奥中心地下车库（接入点吴淞高程-4.3M）
- 青奥中心地下车库车辆可由北侧地面入口进入，并与滨江公园停车场联系。

青奥中心

- 青奥中心地下车库可由地下匝道快速出扬子江大道（接入点吴淞高程-4.3M）
- 青奥中心地下车库车辆可通过北侧出入口出到地面，停放在滨江公园停车场。

青奥中心

- 扬子江大道地下快速直行下穿

交通组织分析图

南京青奥村地区位于南京河西中南部，北望长江，东接奥体中心，距离南京老城中心约 10 km。规划范围南起油坊桥立交、北至扬子江大道、西起规划道路、东至金沙江路，总面积约 175 hm²。该地区通江、达河、联轴，是河西新城与江心洲生态岛、高铁南京南站等重要城市片区联系与整合的节点，也是河西 CBD 轴线以及都市区"井字三环"快速路网的交通枢纽之一。

该地区的规划面临三大挑战：1. 交通与城市活动功能的矛盾；2. 工期制约，项目启动时距离青奥会举行还有不足三年时间，需要在规划设计中因地制宜，对城市交通、城市功能、开发次序等与实际施工的可行性、工期等现实因素进行平衡的考量和科学的组织；3. 规划与其他设计、施工工作的高度协调。

为应对以上挑战，本规划从四个方面展开探索：1. 系统研究了大型节事促进城市优化发展的有效模式；2. 实践"规划—设计—建设管理"的全过程城市设计；3. 成功实现了复杂立体交通枢纽的平面化疏解；4. 深入探索区段城市设计对设计控制的技术方法。

2014 年，南京青奥会成功举办，国际奥委会主席巴赫给予了"完美"一词的高度评价。青奥村地区作为赛会最重要的公共活动、仪式和生活空间，为青奥的成功举办做出了重大贡献，并提升了南京的国际形象和影响力。此外，青奥村地区的建设极大地推动了城市发展。轴线公园、国际青年文化中心、"南京眼"步行桥、国际青年文化公园等交相辉映，已经成为南京滨江的标志性景观和公认的城市新名片和市民休闲娱乐的新目的地。

国际青年文化公园

国际青年文化中心和国际青年文化公园的实施效果

区段城市设计

169

II.3.07
武夷山市赤石村片区
总体设计

设计人员：吴晓、高源等
编制时间：2012.4 — 2012.12
项目规模：68.77hm²
委托单位：武夷山市住房保障和城乡规划建设局
获奖情况：1. 2013 年度江苏省城乡建设系统优秀勘察设计一等奖
　　　　　2. 2015 年度江苏省优秀工程设计一等奖

总面积：68.77公顷
1地块面积：21.50公顷
2地块面积：47.27公顷

项目区域和范围

图例

1 踏径问源（黄柏溪生物廊）
2 竹筏码头
3 竹筏存放场地
4 第二漂流码头
5 第二漂流预留用地
6 蓝水寻迹（漂窗区）
7 拥溪揽湾（生态湿地体验区）
8 飞鹰蝶翠（观鸟屋）
9 汇流码头
10 溪畔渔情（垂钓区）
11 比翼双飞（婚纱摄影基地）
12 游客服务中心
13 武夷山北入口
14 游客专用地下通道
15 交通换乘点
16 百里茶香
17 十里果香
18 菀园小筑
19 晒茶点
20 慢行交通停车点、租赁点
21 游客集散广场
22 畔山夕阳（渔塘）
23 牧童遥指（赤石旧村村口）

24 革命公社
25 茶市购物街
26 特色购物中心
27 赤石铁索
28 赤石码头
29 赤石文化博物馆
30 茶艺博物馆
31 戏台
32 露天剧场
33 古庙茶祖
34 艺术家工作室
35 艺术表演平台
36 客栈
37 茗古韵新（酒吧一条街）
38 延绵续脉（机场观景平台）
39 生态湿地植物园
40 湿地码头
41 赤石新村
42 机场
43 赤石烈士陵园

总平面图

170

赤石村西北向鸟瞰图

效果图

　　基地位于三溪汇流之处，同著名的武夷山国家风景名胜区和机场区相毗邻，是一片拥有独特山水历史资源和诸多制约条件的敏感地段和重要节点。因此，项目设计的目标和难点就是要统筹考量多尺度、多层面的外在苛刻条件和内生技术诉求，既要整合区域景观和生态格局，又要优化旅游服务网络和延续地域风貌，更需兼顾防洪、机场运行等刚性技术需求。

　　该作品主要创新点在于：提取复杂核心问题，展开系列专题研究，通过动线景观评价、生态敏感度评估、建设控高模拟、旅游项目策划、设施规模定量等一系列技术手段的创新和集成，以小见大地探寻和实践了一条针对目标诉求众多、制约条件庞杂的极端地段，而展开多目标城市设计、理性城市设计和实效城市设计的有效路径。

效果图

北部片区赤石村沿崇阳溪南立面

北部片区赤石村内部茶市购物街南立面

北部片区赤石村内部茶市购物街北立面

北部片区赤石村内部酒吧一条街南立面

北部片区赤石村内部酒吧一条街北立面

总体立面图

II.3.08
宣城市宛陵湖环湖地段
城市设计

设计人员：韩冬青、顾震弘等
编制时间：2012.6 － 2013.3
项目规模：381hm²
委托单位：宣城市城乡规划局
获奖情况：2015 年度教育部优秀工程勘察设计一等奖

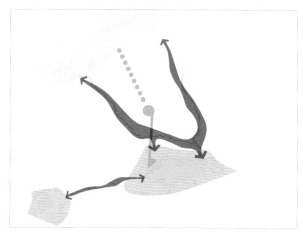

空间形态的层次一

宛陵湖是宣城市主城区南部的人工湖，该地段将是连接北部老城、南部新城片区及西南发展组团的公共节点和资源共享区，也是能够展现宣城市人工城市与自然环境相互交融的市内最重要的大尺度围合型开敞空间场所。城市设计方案力图清晰展示该地区独特自然地理特征、景观特色并建立全新的城市公共生活。

城市设计对原有控规成果进行了空间结构的修正和优化，从"整体城市—与周边地段衔接—地段内部"三个尺度层级提出了环湖地段交通组织、土地综合利用、生态网络与城市开敞空间、景观视线与天际线控制的基本架构。

创新与特色：1. 基于 GIS 分析探讨城市天际线控制的技术方法。城市设计尝试塑造山、水、城彼此交互的立体景观特色。在技术方法上基于 GIS 软件，计算"城市建设地形下垫面"与"视域控制面"的三维高度差，确定不同地块的合理建设高度。2. 探讨复杂地形中城市复合中心快慢交通系统的整合方法。城市设计一方面提升干道连接性和支路密度；另一方面因地制宜地构建多样化的慢行系统；同时区分交通主导型干道与生活型道路（街道）的层级和类型，尊重现状地微起伏特征，营造充满魅力的新城街道空间。3. 探讨基于"层级—结构—类型"的形态操作策略的城市设计新方法。

总体鸟瞰图

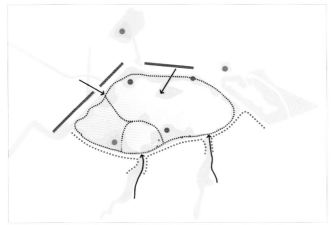

空间形态的层次二

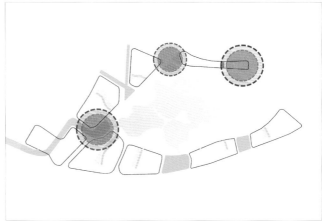

空间形态的层次三

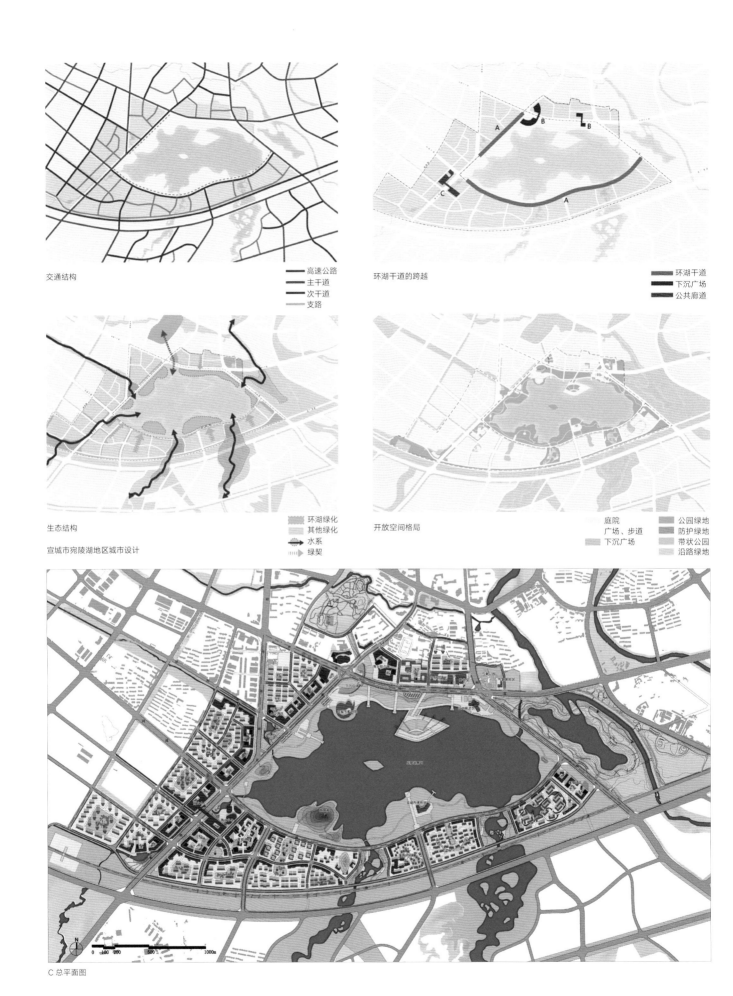

交通结构

  ■ 高速公路
  ■ 主干道
  ■ 次干道
  ■ 支路

环湖干道的跨越

  ■ 环湖干道
  ■ 下沉广场
  ■ 公共廊道

生态结构

宣城市宛陵湖地区城市设计

  ▦ 环湖绿化
  ▦ 其他绿化
  ➡ 水系
  ➡ 绿契

开放空间格局

  庭院   ■ 公园绿地
  广场、步道 ■ 防护绿地
  ■ 下沉广场 ■ 带状公园
       ■ 沿路绿地

C 总平面图

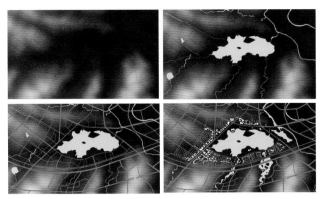

水城市空间形态的生成逻辑

"风貌控制规划"中的高层建筑分布格局

━━━ 条带式高层建筑分布区
　　　簇群式高层建筑
　　　相对集聚区

▨ 一级簇群——
　① 火车站站前区
　② 水阳商务中心

▨ 二级簇群——
　① 昭亭北路组团；
　② 鳄鱼湖北部；
　③ 水阳江路——
　　　昭亭南路交口；
　④ 西部片区商务中心；

建筑高度控制分区

▨ 点式高层不超过100m
▨ 点式高层不超过80m
▨ 60m 控制区，点式高层不超过 68m
▨ 45m 控制区，点式高层不超过 52m
▨ 36m 控制区，点式高层需做湖区视线分析
▨ 24m 控制区，高岗地形不超过 20m

基于城北山体轮廓线分析的主城建设高度控制建议

D 北岸城市天际线

II.3.09
潍坊市白浪河城区中心
区域城市设计

设计人员：王建国、杨俊宴、徐春宁、沈旸、蔡凯臻、唐军、朱彦东等
编制时间：2011.3 — 2013.11
项目规模：15km²（城市设计核心区 9km²，扩展研究区 6km²）
合作单位：潍坊市规划设计研究院
获奖情况：2016 年度江苏省城乡建设系统优秀勘察设计二等奖

鸟瞰效果图〔自蛇城南部俯瞰白浪河〕

鸟瞰效果图
〔自蛇城东南角俯瞰白浪河〕

总平面图

功能分区图 土地利用规划图 公共服务设施布局图 开放空间与绿地系统图

景观展示系统图 历史文化保护与展示系统图 道路交通系统图 慢行交通系统图

　　"潍坊市白浪河城区中心区域城市设计"项目综合运用城市设计方法，研究确定城市未来发展目标和空间总体形态，在城市结构、土地利用、更新策略、公共设施、开放空间等方面表达城市发展意图与要求，并以时序管理、项目化、导则等方式实现对城市空间的整体引导和控制。本次城市设计核心区面积为9.0km²，扩展研究区面积为6.0km²。本次城市设计成果适用于核心及扩展区15.0km²的范围，其原理和方法亦能够推广至整个白浪河沿岸城区乃至更大范围的规划设计。

　　"潍坊市白浪河城区中心区域城市设计"项目在细致研究分析潍坊历史变迁、现状问题及未来发展战略的基础上，提出"龟伏蛇舞白浪合"的空间发展定位。即在设计中，以历史资源为主体的"龟城"寻求内敛、含蓄、平稳的可持续发展状态，而未来将成为城市重要核心区的"蛇城"追求开放、积极、跃动的快速发展状态。白浪河作为城市中的自然景观与人文纽带，以开放空间等形式协调和串联各要素，协同两岸视觉景观。由此构筑出立足于现状、并凸显特征的能够满足城市未来发展需求的空间形态。其中，"龟城"通过对城市遗产的阅读、整理、发掘，基于现代城市功能的需求，经由标示、再造、织补等城市设计手段，以城市公共空间化的方式，唤醒历史记忆、孕育文化氛围；"蛇城"以高密度、高密度的建筑聚集状态，为中心城区的发展提供引擎与活力源泉；白浪河南北部片区则综合现代商贸、对外交通、居住游憩等功能，并以现代商业和文化游憩为特色。

鸟瞰效果图，自龟城南部俯瞰龟城

龟城片区平面图

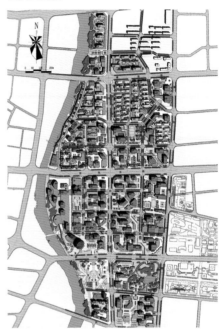

蛇城片区平面图

鸟瞰效果图，自龟城西北角俯瞰白浪河

II.3.10
安徽省安庆市高铁新区
起步区城市设计

设计人员：徐春宁、周文竹等
编制时间：2016.12 — 2017.6
工程规模：5km²
委托单位：安庆市规划局

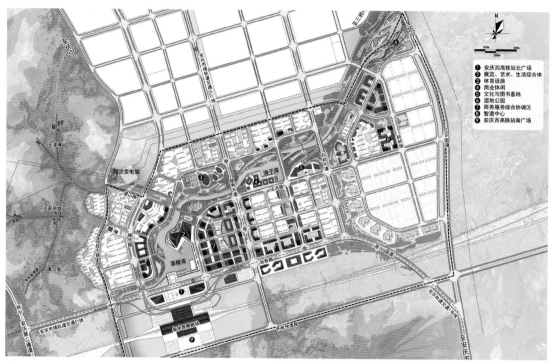

总平图

全景鸟瞰图

高铁站点选址位于安庆市茶岭镇，是合安九、北沿江高铁交汇的枢纽站。设计通过判研高铁对城市产业、生活等的推力，实现高铁带动下城市的可持续发展目标，以创造"站区适量开发、安怀区域统筹、绿野蓝带融城、易达宜业宜居"的高铁新城范例。

该设计主要创新点体现于：

1. 营造中等级别站场的建设活力

避免高铁地区过量开发，利用枢纽的推力与地区产业动力契合，挖掘城市自身的旅游资源特色，提出建立适度适量的产业功能配置与开发规模。

2. 应对郊区站与主城的联动关系

梳理快捷交通与对外交通、城市交通的接驳关系，对主城功能进行疏解，针对高铁新区形成的新的空间节点，提出整合区域空间的全新组构范式。

3. 彰显山水城市形态的枢纽空间

结合基地丰富的自然资源，塑造山水特色的站前空间模式。凸显自然空间与枢纽场站的协调以及地标场所的特征表达，构建区域水绿脉络的整体格局架构，实践复合式开发建设的目标。

设计不仅丰富了高铁地区研究的理论体系，且针对中小城市的特点，强化交通支撑、引导城市空间结构协调发展，具有迫切的理论和实践意义。

局部鸟瞰

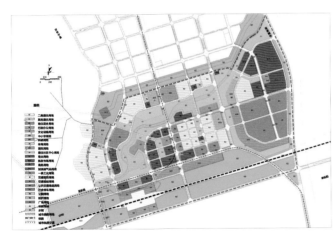

土地利用

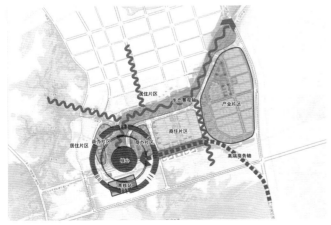

空间结构

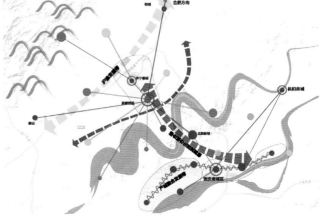

区域协调

II.3.11
合肥南站综合交通系统规划与设计

设计人员：朱彦东等
设计时间：2008.2 － 2014.1
项目规模：占地 70 万 m²，建筑总规模 48 万 m²
委托单位：中国铁路总公司

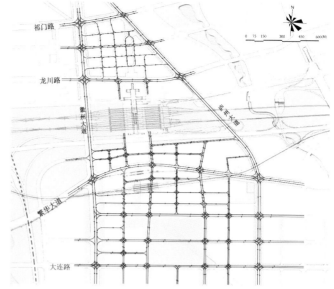

合肥南站地面交通组织设计

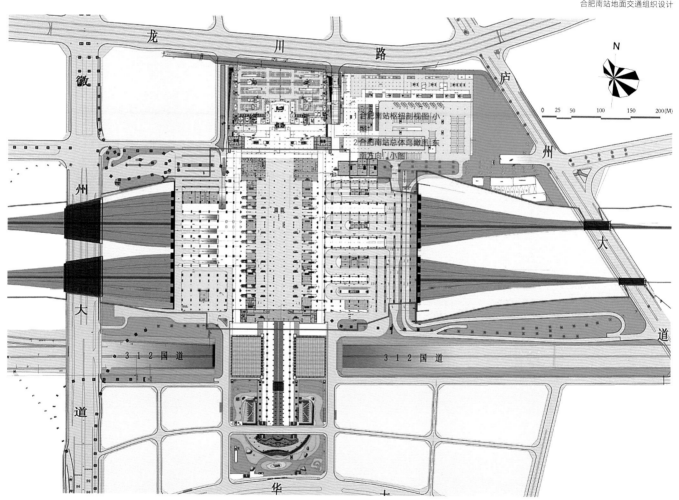

合肥南站出站层交通接驳系统设计

枢纽纵剖总图

肥南站是沪汉蓉、京福、京九、商合杭、合青等国家高速铁路干线的交汇车站，与上海虹桥站、南京南站、杭州东站共同组成华东四大高铁特等站，是国家级综合交通枢纽。

合肥南站集高速铁路、城际铁路、市域轨道、城市轨道、有轨电车、长途汽车、机场巴士、快速公交、常规公交、社会车、出租车等多种交通出行方式为一体的超大型综合体。综合交通系统规划构思和设计方案中充分体现了"快速便捷、立体换乘、人车分行、动静分区、人本高效"的核心理念，尤其是采用了公交车"到、停、发"完全分离、出租车"矩阵式发车"等一系列创新设计方法，从根本上提高了接驳交通运行效率，目前在国内高铁枢纽综合设计中尚属首次。

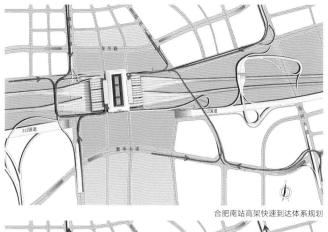

合肥南站高架快速到达体系规划

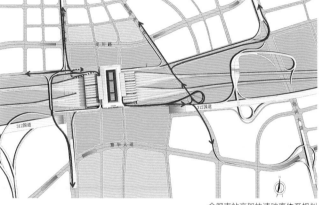

合肥南站高架快速驶离体系规划

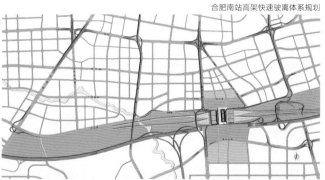

合肥南站区域道路快速集散体系规划

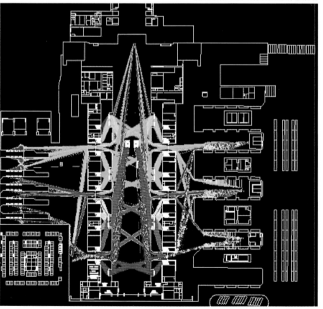

合肥南站枢纽车行和人行系统仿真图

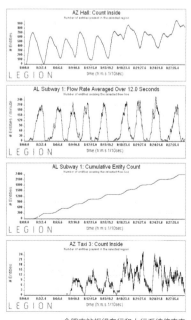

合肥南站枢纽车行和人行系统仿真表

II.4 保护与更新规划
II.4.01
南京朝天宫地区保护
更新规划

设计人员：吴明伟等
编制时间：2002
项目规模：9.25hm^2

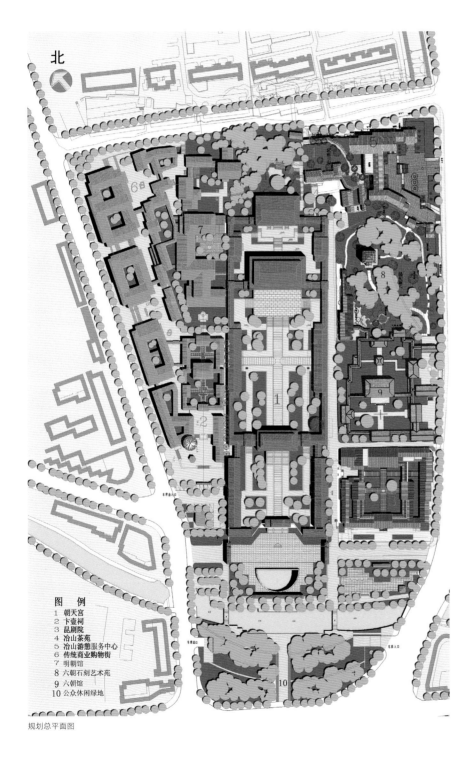

图 例
1 朝天宫
2 卞壶祠
3 昆剧院
4 冶山茶苑
5 冶山游憩服务中心
6 传统商业购物街
7 明朝馆
8 六朝石刻艺术苑
9 六朝馆
10 公众休闲绿地

规划总平面图

规划交通系统分析图

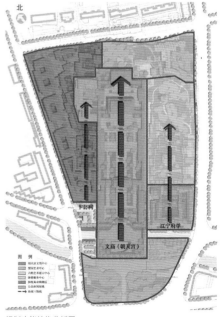

规划功能结构分析图

规划建设后的沿街景观

规划从总体上重现"一中轴，两辅轴"的历史格局，积极保护并充分展示利用现存四大部分历史遗存：1.规模江南第一的朝天宫古建筑群，恢复其原有格局与历史面貌。在其东西两侧搬迁原有风貌不协调的文物库房、办公房和棚户民居等建筑，改建成与朝天宫相辅相成又具有现代博物馆功能的"六朝馆"与"明朝馆"，形成朝天宫文博中心；2.在东侧原江宁府学"明伦堂"和现状昆剧院的基础上，恢复府学中轴线并构建梨园艺术中心；3.在西侧依托忠孝泉，下公墓碑、砖碑坊等历史遗迹，规划恢复下公祠及下公墓前祠后墓的布局；4.结合冶山山体和朝天宫后山园林、茶苑，在东北角棚户民居改造后，规划形成游恕服务中心和六朝石刻艺术苑等综合服务、休闲场所。另外，在南部、西北部棚户住区改造的基础上，分别规划公众休闲绿地（含地下停车库）和传统商业购物区两大块与朝天宫有机协调的功能区。总体形成"六分区、三轴线"的格局。

创新与特色包括：1.尊重历史，保护历史文化遗产及其环境；2.在整体恢复历史风貌与格局的同时，注意新的现代功能的引入与结合利用，使老的城区焕发新的生机；3."以人为本"的设计理念与人车分流的完善交通体系；4.可持续发展与生态原则的成功引用与完善结合。

规划建设后的沿街景观

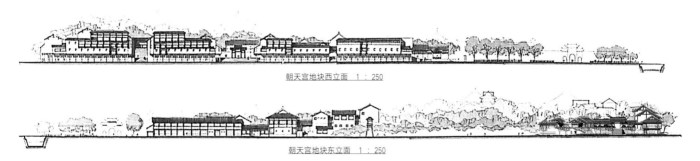

朝天宫地块西立面　1：250

朝天宫地块东立面　1：250

规划立面图

II.4.02
南京南捕厅历史风貌区
详细规划设计

设计人员：吴明伟、杨俊宴、谭瑛等
编制时间：2002.7 — 2002.10
项目规模：16.8hm²
委托单位：南京市规划局
获奖情况：2002 中国建筑学会全国最佳人居建筑竞赛双金奖
　　　　　（最佳规划设计奖、最佳环境设计奖）

规划总平面图

鸟瞰

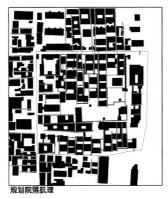

现状院落肌理　规划院落肌理

肌理对比

现状地形

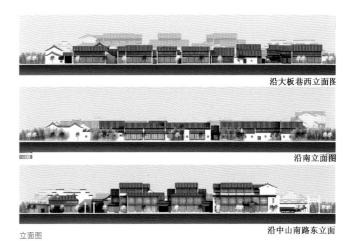

沿大板巷西立面图

沿南立面图

沿中山南路东立面

立面图

　　南捕厅历史风貌区位于历史文化名城南京的老城南部，连接着市中心与夫子庙两大商业圈。城市肌理和传统特色是城市历史文化的重要组成部分，南捕厅历史风貌区详细规划设计通过分析院落构成特色、提炼传统民居肌理的空间模式，梳理街巷组合，探讨新居住单元嵌入的传统民居肌理重塑、历史性的枢纽节点更新，构建历史建筑遗存保护与民俗文化展示、商业配套设施建设、普通居民居住生活相结合的方式，提出城市肌理整合与城市特色复兴的方法与途径。

外景

主入口

次入口

187

II.4.03
郑州西部老工业基地
更新规划

设计人员：阳建强等
编制时间：2007.2 — 2007.10
项目规模：17.79km²
委托单位：郑州市规划局

用地规划图

道路交通规划图

更新改造模式

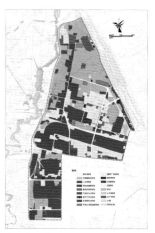

土地利用现状图

总体鸟瞰图

郑州西部老工业基地是国家"一五"期间重点投资建设项目，是1950年代全国著名的纺织工业基地之一，具有重要的社会价值、政治价值、文化价值与情感价值。更新改造规划本着"提升城市功能，实现结构调整，改善城市环境，更新物质设施"的总体指导思想，以文化产业为主导，将工业历史文化遗产保护贯彻到老工业基地更新改造的全过程，并在城市产业结构宏观调整的总体框架下重新确定产业发展目标，结合老工业基地产业功能的相应调整和基础设施的更新改造，充分挖掘工业文化产业的内涵，全面提高老工业基地的空间环境质量，有效推进城市空间结构的整体优化。规划提出了具体的更新改造措施：在功能结构调整方面，随着企业外迁拟将原有用地功能置换为以工业文化为主导，融博览、商业、休闲、体育为一体的城市综合发展区；结合郑州市原有的道路形式，加大道路网密度，完善方格网状结构，着重建立内外协调的道路交通系统；针对公共服务设施存在空间分布不均和数量配置不全等问题，通过规划在老工业基地内部建立起市级—地区级—居住社区级—基层社区级分级配套的完整体系；最后，选择国棉三厂、二砂集团、铁路支线三个重点地段，开展了概念性城市设计。

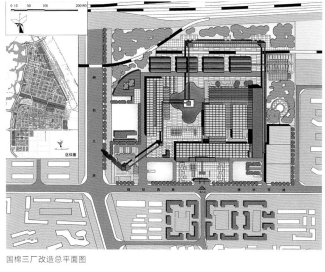

国棉三厂改造总平面图

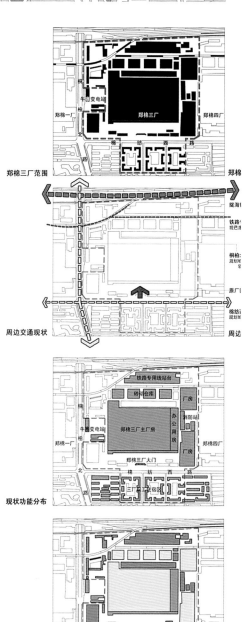

国棉三厂现状分析图

II.4.04
常州市旧城更新规划

设计人员：阳建强、周文竹等
编制时间：2008.9 — 2009.12
项目规模：约 74km²
委托单位：常州市规划局
合作单位：常州市规划设计研究院
获奖情况：1. 2011 年度全国优秀城乡规划设计三等奖
2. 2011 年度江苏省城乡建设系统优秀勘察设计一等奖

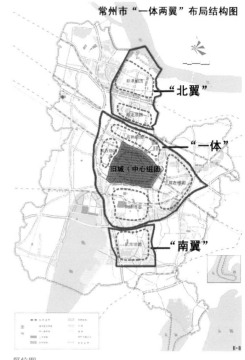

常州市"一体两翼"布局结构图

区位图

土地利用规划图图

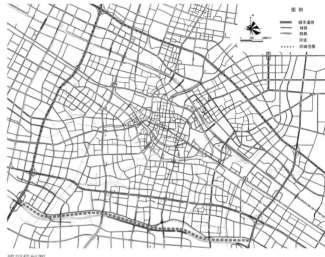

路网规划图

更新模式引导区

工业空间规划布局图

190

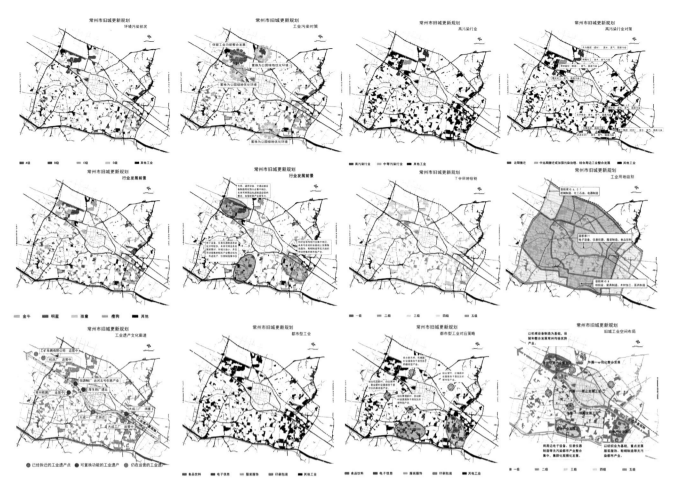

旧工业更新研究

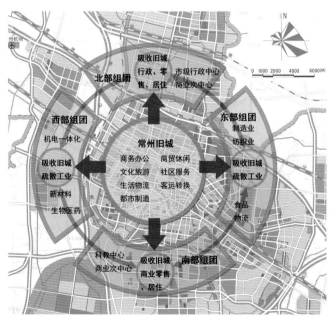

新城旧城互动发展示意图

规划是基于城市整体功能结构调整与更新的新尝试,设计特色与创新体现在如下方面:1. 规划按照老城、中心区、旧城三层级,研究了旧城功能定位、旧城结构调整、新旧区发展互动、更新模式选择、土地利用结构优化和历史文化环境保护等关键问题,针对实际工作中急需解决的具体问题,选取旧工业区、旧居住区、城中村、历史街区、老火车站等五类重点地区,展开更新规划专题研究,探寻实现常州旧城空间结构转型、中心功能提升的有效途径;2. 在回顾总结以往旧城更新改造工作经验及成效的基础上,对现有旧城的经济社会、物质空间环境以及功能结构的实际状况进行了调查分析与综合评价;3. 运用社会经济学方法分析产业现状、转型趋势,借助 GIS 分析技术,通过计算现状各类用地的区位熵,量化用地空间分布特征;4. 融合交通工程理论,打破旧城的交通瓶颈,构建以公交为主,自行车和步行为辅的绿色交通体系;5. 划定了保护控制区、整治优化区、改造优化区、整治提升、改造提升区等五种更新模式引导区。常州市旧城更新规划对加快常州市旧城结构调整步伐,促进城市中心地区土地资源的再生,提升中心城市形象,实现旧城整体机能提升与可持续发展起到了积极作用。

II.4.05
扬州东关街历史文化街区
保护规划说明

设计人员：朱光亚、刘博敏、姚迪、李新建、王元、吴美萍、罗薇、许若菲、
　　　　　庞旭、朱穗敏等
编制时间：2009.8
项目规模：77.64hm²
合作单位：扬州市规划局，扬州市城市规划研究院有限公司
获奖情况：1. 2009 年度全国优秀城乡规划设计三等奖
　　　　　2. 2009 年度江苏省优秀勘察设计一等奖
　　　　　3. 2010 年度江苏省优秀工程设计一等奖

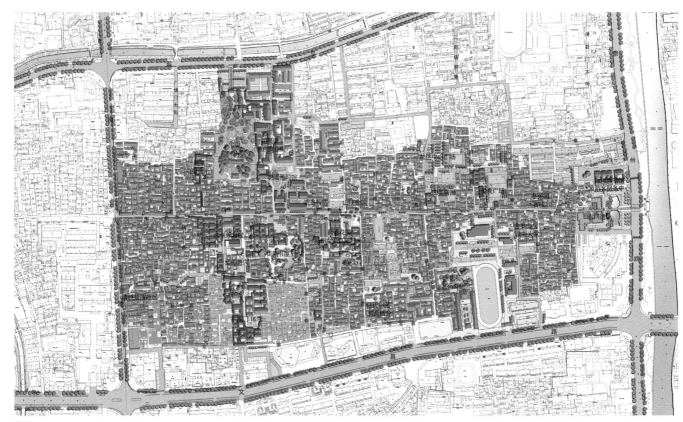

总平面

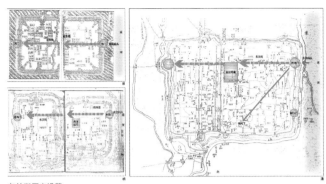

东关街历史沿革

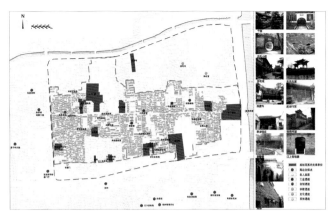

历史资源

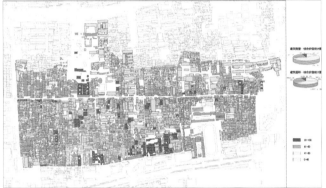

现状建筑综合价值评估图

土地利用规划图

建筑保护与整治方式图

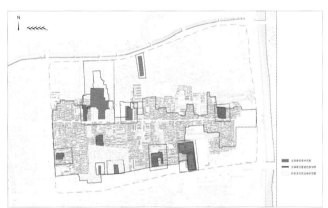

历史街区保护范围

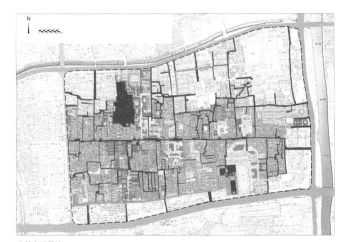

公共空间整治

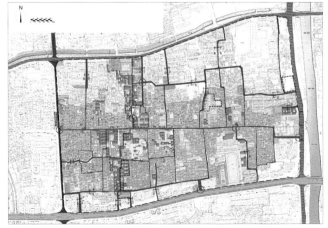

交通系统规划

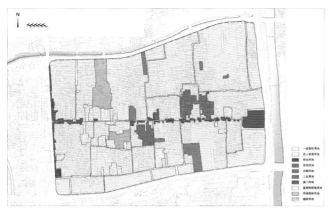

历史土地利用分析

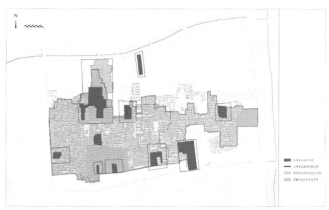

历史街区范围调整

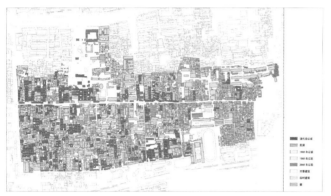

现状建筑年代分析

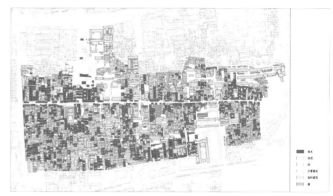

现状建筑结构分析

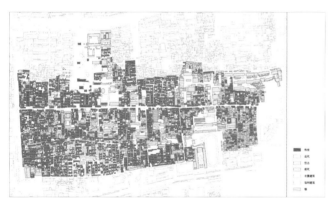

现状建筑风格分析

规划是基于城市整体功能结构调整与更新的新尝试，设计特色与创新体现在如下方面：1. 规划按照老城、中心区、旧城三层级，研究了旧城功能定位、旧城结构调整、新旧区发展互动、更新模式选择、土地利用结构优化和历史文化环境保护等关键问题，针对实际工作中急需解决的具体问题，选取旧工业区、旧居住区、城中村、历史街区、老火车站等五类重点地区，展开更新规划专题研究，探寻实现常州旧城空间结构转型、中心功能提升的有效途径；2. 在回顾总结以往旧城更新改造工作经验及成效的基础上，对现有旧城的经济社会、物质空间环境以及功能结构的实际状况进行了调查分析与综合评价；3. 运用社会经济学方法分析产业现状、转型趋势，借助 GIS 分析技术，通过计算现状各类用地的区位熵，量化用地空间分布特征；4. 融合交通工程理论，打破旧城的交通瓶颈，构建以公交为主，自行车和步行为辅的绿色交通体系；5. 划定了保护控制区、整治优化区、改造优化区、整治提升区、改造提升区等五种更新模式引导区。常州市旧城更新规划对加快常州市旧城结构调整步伐，促进城市中心地区土地资源的再生，提升中心城市形象，实现旧城整体机能提升与可持续发展起到了积极作用。

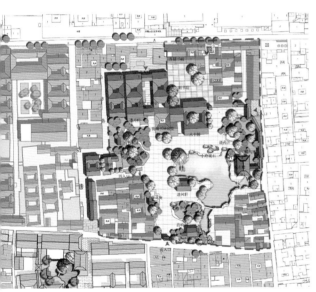

重点地带规划——街南书屋

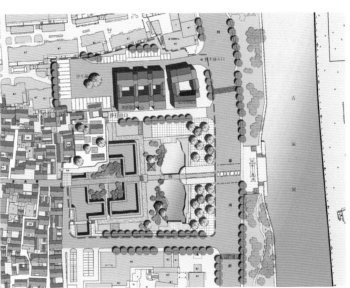

重点地带规划——东门遗址

街南书屋鸟瞰

东门遗址鸟瞰

综述 成玉宁

过去的 20 年，我国的人居环境建设发展到了一个全新阶段，当代风景园林已经走出了传统的唯美诉求，由美化城市转而全面关注人居环境的持续发展，理论、方法、技术与实践等领域发生了一系列的变革。与之相应，风景园林学也从当初附属于建筑学的二级学科——城市规划下的一个方向，一跃成为与建筑学、城乡规划学并驾齐驱的一级学科。发生在学科之间的变化实则体现了城市化进程中我国对人居环境可持续发展的高度重视，也从一个侧面反映了社会发展对风景园林学提出的全新诉求。随着风景园林一级学科的诞生，逐步淡化了建筑学、城乡规划、林学、园艺学等母体学科的印记，业已形成风景园林学特有的研究范畴与界面。

较之昙花一现的后现代主义、结构主义、解构主义等人文思想，科学技术对风景园林的影响更加持久，生态主义成为当代风景园林领域最具影响力、生命力的思想。与之相应，现代风景园林实践的内容早已超越了传统的"园林范畴"、突破了传统的学科界面。自然环境、区域景观、乡村环境、高速交通、建筑外环境，乃至河湖流域、海绵城市都是现代风景园林学关注的对象。从花园到公园，再到国家公园体系，包含建成环境与风景环境两大领域，风景园林学的研究尺度不断拓展，也带来了界面的变化。当代风景园林师不再囿于小尺度的视角去探讨"点"的问题，也不限于从区域的高度出发，思考"面"的问题，而是在全尺度、多维度的视角下，思考人居环境的系统与结构问题。现代科学技术中以系统论、景观生态学、可持续技术、数字技术等与风景园林学关系最为密切，其中，数字技术的发展使场所信息采集、环境评价与分析、复杂系统模拟、交互式实时呈现系统等先进技术手段在风景园林学研究与实践中得以运用。

高校教师积极投身社会实践是中国的特色，不同于一般设计院所的职业实践，高校教师的实践往往聚焦学科前沿、社会热点，以科学研究为基础，既有前沿探索意义，更引领新方法与技术的运用。尤其在与景园规划设计相关的调研、评价、辅助设计等领域新技术的运用，高校一直是先试先行的主力，很好地发挥着研究与示范意义。

在过去的 20 年中，尤其是近 10 年来，东南大学的风景园林学科获得空前的发展，除了保持在风景环境、景观建筑、风景园林遗产的保护与修复等传统优势领域外，还专注研究与发展定量化的建成与风景环境规划设计方法、技术。

21 世纪的风景园林学不再停留于概念与定性的层面，讲科学、重规律符合作为"科学的艺术"这一风景园林学基本特征，也成为东南大学风景园林学科研与实践的一大特色。东南大学基于风景园林学科的规律，关注生态学、现代技术与风景园林学的交叉融合，尤其是数字技术在风景园林规划设计领域中的运用，将定量技术引入风景园林研究与实践，完成了一批有影响力的规划设计作品。定量与定性研究相结合已成为当代东南大学风景园林学科发展的主导方向之一，也是东南大学景园规划设计实践的一大特征。东南大学数字景观实验室、江苏省城乡与景观工程技术中心的成立，主办的数字景观系列国际会议，不仅对东南大学教学、科研与实践有着深刻的影响，也极大地推动了风景园林学科与行业的进步。

过去的 20 年间，东南大学的风景园林老中青结合的研究与实践团队，规划设计了一批优秀的风景环境，建成了众多环境及景园建筑作品。除传承本学科的优势之外，实践领域业已拓展到旅游度假环境、郊野公园、城市绿地、海绵城市甚至棕地修复等，取得了一批标志性的成果，获得了一系列省部级的规划设计奖项。薪火相传，崇尚实践与理论研究有机结合已经成为东南大学风景园林学科产学研一体化的基本特征。

III 风景园林
LANDSCAPE AND GARDENING

III.1 风景环境
III.1.01
新昌大佛寺风景名胜区
大佛寺景区般若谷景点
详细设计

设计人员：杜顺宝、张哲、张麒等
作品地点：浙江省新昌县
设计与建造时间：2001.1 — 2002.3
工程规模：6.16 hm²
建设单位：新昌县风景旅游管理局
获奖情况：1. 2006 年江苏省优秀工程设计一等奖
        2. 2005 年全国优秀勘察设计二等奖

石宕口瀑布

浙江大佛寺景区的核心是以南朝石刻大佛著称的大佛寺，寺院、摩崖等历史遗存形成了景区深厚的佛教文化内涵。景区内有许多明清时期采石留下来的废弃宕口，其中较大的两处是游览路线边的般若谷、双林石窟的两处原址，如自然景观中的疤痕。

两处改造以景区的佛教文化内涵为出发点，通过整理、加工原有宕口的崖壁，组织空间，增加人文要素，变废为宝。其中，般若谷巧妙利用宕口岩壁的高差，营造七级瀑布。并在宕口石壁上雕刻南朝三代僧人开凿大佛的历史典故，呼应景区的文化主题。

其中，般若谷空间上充分利用采石留下的高低错落的岩体，形成跌落台地、石阶、石桥、洞口等不同的游览要素，并通过隧道将道路两侧的宕口联结成一个完整的空间序列。双林石窟则利用高大崖壁，通过修栈道、凿洞窟、依山造佛等手段，于崖壁中开凿南北纵向 23m、横向长 48m 的洞窟，窟内利用原有岩体雕刻成一尊卧佛（即佛陀的涅槃吉祥卧佛）。卧佛面朝西方总长 37m，高 9m，经过造像和石窟内外设计，佛像与自然山体融为一体，形成安详、宁静、神秘的朝圣空间。

通过对两个废弃石宕口群文化的深入挖掘和个性的充分表达，将其改造利用成新的景点，提高了景区的景观丰富度和游赏体验，建成后成为大佛寺景区独具特色的核心景点。

石宕口台阶处理

石宕口佛像

大佛寺总平面图

石宕口佛像

199

III.1.02
天山天池风景名胜区总体规划

设计人员：杜顺宝、唐军、余压芳、张哲、季蕾、邢佳林、朱卓峰、
侯冬炜、朱仁兴等
作品地点：新疆维吾尔自治区阜康市
设计与建造时间：2002.9 － 2007.5
工程规模：583 km²
建设单位：天池管理委员会
获奖情况：1. 2006 年江苏省城乡建设系统优秀勘察设计二等奖
　　　　　2. 2007 年全国优秀城乡规划设计二等奖

天池游客中心

博格达湿地

天池远眺博格达峰

200

东小天池瀑布游步道一

东小天池瀑布游步道二

总平面图

　　天山天池是我国首批国家级风景名胜区，风景区从南至北，地势呈阶梯状错叠，在短短 80km 直线距离中，相对高差达 5000m，囊括了从极高山冰川积雪带、高山、亚高山草被带、中山森林草原带、森林灌木草原带、低山草原带到沙漠带的等自然景观，呈明显带状规律，完整地表现了欧亚大陆腹地干旱区典型而独特的自然景观垂直带谱。

　　规划从天池多头管理、责权不清、资源保护和利用工作各自为政等问题入手，针对风景区城市化、商业化倾向、水土流失加剧、天池海南入水口处淤积加速等问题，以保护为本、以发展为器，从保护与景观资源整合相结合、保护与功能细分调整相结合、保护与设施建设相结合、保护与社会调控相结合等方面，以保护和展现景观生态系统的完整性和多样性为目标，突出保护，疏解发展需求。

　　规划面对西部地区社会经济发展需求迫切的现实，以切实而有效的规划手段和政策安排统筹保护与利用的行动，实现对风景名胜资源的有效保护和永续利用，将天池风景区建设成为以完整的植物垂直景观带和雪山冰川、高山湖泊为主要景观特征，以远古瑶池神话以及宗教和民族风情为文化内涵，适宜于开展游览观光、科普考察、探险览胜、休闲健身和民族风情游赏的国家级风景名胜区，实现资源保护与社会发展的良性循环。

III.1.03
南京市大石湖生态旅游度假区

设计人员：成玉宁等
作品地点：江苏省南京市
设计与建造时间：2005－2006
工程规模：3720000 m²
建设单位：南京丰盛产业控股集团
获奖情况：1. 2009 年度全国优秀城乡规划设计三等奖
        2. 江苏省第十四届优秀工程设计二等奖
        3. 2009 年度江苏省城乡建设系统优秀勘察设计二等奖
        4. 南京市首届旅游规划优秀成果二等奖

景观建筑

桂花园水上汀步

大石湖生态旅游度假区位于南京市牛首山风景区北麓，总面积约 3.72km²。景区内以丘陵地貌为主，南高北低，自然生境条件良好。原用地类型包括林地、苗圃、农田、裸地及建设用地，其中林地主要由人工针叶林、地带性次生阔叶林以及针阔混交林组成。度假区内部存在人工水库泄漏及农田常年水涝的情况，亟需改善。

本设计坚持生态优先原则，在生态保护的前提下，优化配置场地资源，调整景观格局。在山水环境之间点缀休闲、健身、餐饮、娱乐等各类休憩设施，以满足人们亲近自然、调养生息、健康生活的需要。

设计的开展以场所适宜性评价为基础，坚持因地制宜，集约化利用土地资源。首先，采用数字化叠图对场所进行分类评价，分析各区域的生态适宜性，明确项目建设适宜性及用地范围，并采取相应的保护及优化措施。其次，依据地形地貌及汇水条件，梳理、整合过去因农业生产而改变的自然空间形态，延山引水以恢复场地的自然属性。设计利用自然高差，灵活营造出湖泊、湿地、溪流、跌水等形态各异、富于变化的水体景观，形成完整的园区水系，解决了区域内长期排水不畅的问题。其次，依据不同地段固有的空间特征，如山林、湖泊、溪流、池塘、坡地等，结合地带性特点配置适生植物。在优化生态环境的同时，构成了具有亚热带北缘地带性特征的生态群落景观。

行管中心区域鸟瞰

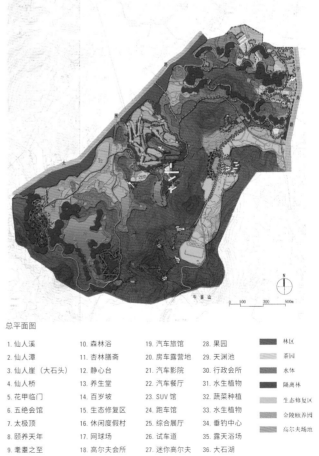

总平面图

1. 仙人溪	10. 森林浴	19. 汽车旅馆	28. 果园
2. 仙人潭	11. 杏林膳斋	20. 房车露营地	29. 天渊池
3. 仙人崖（大石头）	12. 静心台	21. 汽车影院	30. 行政会所
4. 仙人桥	13. 养生堂	22. 汽车餐厅	31. 水生植物
5. 花甲临门	14. 百岁坡	23. SUV馆	32. 蔬菜种植
6. 五绝会馆	15. 生态修复区	24. 跑车馆	33. 水生植物
7. 太极顶	16. 休闲度假村	25. 综合展厅	34. 垂钓中心
8. 颐养天年	17. 网球场	26. 试车道	35. 露天浴场
9. 耄耋之至	18. 高尔夫会所	27. 迷你高尔夫	36. 大石湖

林区
茶园
水体
隔离林
生态修复区
金陵颐养园
高尔夫场地

III.1.04
安徽九华山地藏菩萨大铜像景区
景观设计

设计人员：王晓俊等

作品地点：安徽省池州青阳县

设计与建造时间：2008.5 － 2012.9

工程规模：120 hm²

建设单位：安徽九华山旅游（集团）有限公司

合作单位：天津大学建筑学院

获奖情况：1. 2015 年度江苏省建设系统优秀勘察设计一等奖

2. 2016 年度江苏省优秀工程设计二等奖

3. 2012 年景观项目 1 标、3 标与 4 标分别获得 2012 年度
中国风景园林学会"优秀园林绿化工程奖"金奖

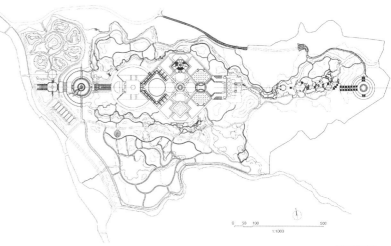

景区总平面

景区西北翼水石带鸟瞰

"八功德水"景点

"九子袈裟"景点

水石带大瀑布

"莲花广场"景点

项目位于中国四大佛教名山之一的九华山国家级重点风景名胜区柯村景区中部，设计力图在佛教文化表现与山水环境营造上交相辉映，形成了"一轴佛性尽展、两翼水潆洄山拥翠"的总体空间格局。

针对现状台田耕地，地势平旷的特点，设计将大山水的延展作为最重要的景观环境目标。首先是理水，利用两侧原有山溪整理形成丰富的水系与洲岛花镜，理水之利使得园中溪涧、跌水、池塘、镜湖、大湖等水景相交织。其次利用挖湖土方塑造地形，地形山丘走向与布局充分考虑到场地、道路、周边山体脉络，堆山之利将真山的余脉延展入园，同时也真正形成了山林之势，游园如"进山"。山脉水系、洲岛花镜相交织，呈现了九华山水的灵动。

景区中轴分外明堂和内明堂两大部分。外明堂包括大门、神道牌坊、三谛圆融、莲华净土、卐方摩尼、八功德水等景点，表达佛教"圆明"、"圆通"的独特审美；内明堂包括水口、涤心莲池、拜谒步道、山涧跌泉等景点，体现了淳朴自然的佛性；突出纯净安详、庄严肃穆的气氛。同时，在中轴线上大量运用佛教植物，例如主入口空间的"佛香林隐"、"菩提莲花"，既有芬芳曼妙的香花植物，也有莲花、荷花以及天竺桂、银杏、丁香等净土中的花与菩提树。设计围绕佛教内涵，注重艺术性与趣味性并举、传统与现代共融，通过形象生动的现代建筑与景观艺术语言与手法，使人获得心灵的震撼和净化。

III.1.05
杭州西湖东岸景观规划
西湖申遗之景观提升工程

设计人员：王建国、杨俊宴、陈宇、徐宁等
作品地点：浙江省杭州市
项目功能：遗产景观提升
设计与建造时间：2008.11 － 2009.06
工程规模：45 km²
委托单位：杭州市规划局
获奖情况：江苏省第十五届优秀工程设计一等奖

总体鸟瞰图

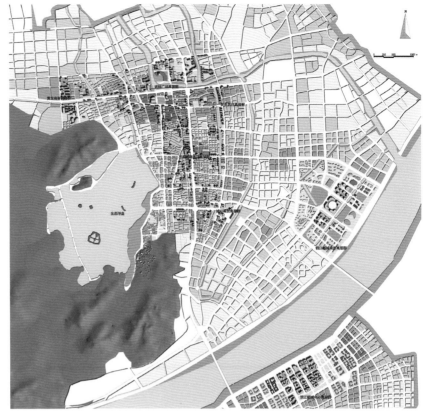

总平面图

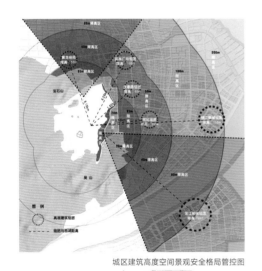

城区建筑高度空间景观安全格局管控图

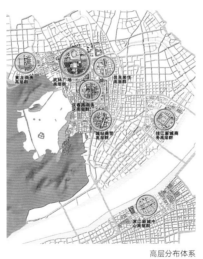

高层分布体系

开放空间体系

轮廓线显现度分布图

景观地标分布体系

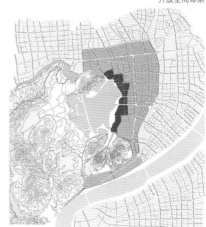

近景中景远景分布图

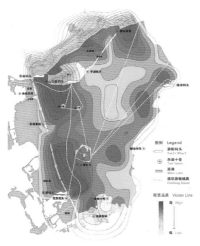

现状西湖游船路线与景观等视线叠合图

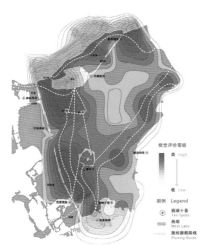

规划西湖游船路线与景观等视线叠合图

西湖景观与湖面游线的观景关系

西湖景观与湖面游线的观景关系

西湖是中国传统山水园林中，历史悠久、文化内涵极为丰富的案例。项目即是在西湖酝酿申报世界文化遗产的背景下，针对其景观提升展开的研究。

规划设计首先对西湖形成的自然历史和人文历史进行了梳理，进而廓清了西湖景观的价值和国内外具有广泛影响力的原因。规划设计成功创制并实践了基于 GPS 和 GIS 技术研究西湖随机视点分布规律的方法，同时还引入了"空气能见度"与景观观赏关系的研究，为西湖景观环境的提升和整治提供了关键科学依据。

规划设计以"疏解老城、城湖交融、山水入城"为理念，综合运用基于城市设计的大尺度空间形态控制理论、景观 视觉评价理论和城市中心体系发展理论，分析了城市未来的高度形态分布，寻求西湖东岸城市景观控制的不同途径，提出"二核四辅"的高层分布、"山水绿脉"的景观轴线、"赏游合一"的观景游线和"秀隐谐巧"的建筑风貌四方面的综合景观提升策略。

观景点的选取和等视线的确定

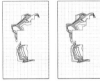

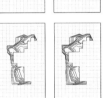

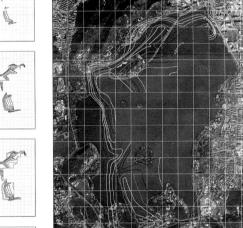

观景点的选取和等视线的确定

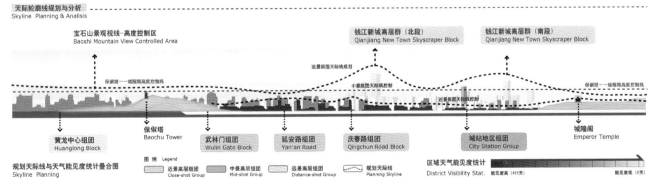

规划天际线与天气能见度统计叠合图

环湖景观立面设计

III.1.06
百丈漈
飞云湖国家级风景名胜区
百丈飞瀑景区

设计人员：唐军、杜顺宝、张麒、杜嵘、王伟成等
作品地点：浙江省文成县
设计与建造时间：2011.1 — 2014.3
工程规模：2.95 km²
建设单位：文成县风景旅游管理局
获奖情况：2015 年江苏省城乡建设系统优秀勘察设计一等奖

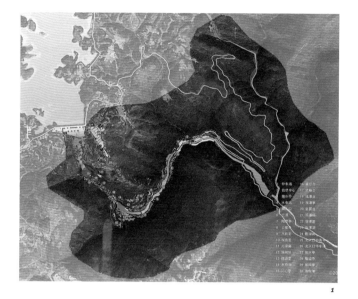

3

5

4

6

1 总平面图
2 一漈步道整治
3 二漈水坝与建筑
4 神龟潭整治
5 二漈建筑改造
6 入口生态厕所

　　白丈飞瀑景区是百丈漈飞云湖风景名胜区代表性景观资源百丈漈的所在地，景区以壮丽雄奇的绝壁飞瀑群为其核心景观。整个瀑布群主要分为三漈，各具特色。其中一漈高207m，宽30余米，誉称天下第一瀑。二漈分上下二折，激流直下深谷，悬壁中凹为廊洞，瀑口如帘，形成水帘洞。三漈则漈头石滩宽广，巨石奇古，落水多姿。但是由于水电站的建设和设施的年久失修，景区面临着诸如：主体瀑布景观游赏与水电设施运行相冲突；游线与景观资源的观赏组织不合理；游赏设施功能缺乏，建筑与景观小品形式杂乱等问题。

　　规划在通过引水工程恢复因为水电站建设而断流的瀑布景观的基础上，明确景区百丈雄瀑、深壑幽涧的整体景观定位，通过数字化手段优化的观景游线，法自天然的景观恢复与再现，植根本土的建筑风貌等规划设计手段，实现了自然景观的保护与再现、水体环境的整治提升、景区游线的优化组织、观景设施的改造与补充等目标。突出了景区自身的景观特色，满足了现时代的游赏需求，多措施、多角度展示了百丈飞瀑的雄伟、壮丽与多姿，科学化地全景展现了景区最具核心价值的风景资源。

III.1.07
南京市钟山风景名胜区樱花园

设计人员：成玉宁、袁旸洋、李雯等
作品地点：江苏省南京市
项目功能：休闲游憩
设计与建造时间：2011.5 — 2012.5
工程规模：37000 m²
建设单位：江苏省人大常委会外事委员会
获奖情况：1. 2015 年度全国优秀工程勘察设计行业奖三等奖
　　　　　　2. 2014 年度江苏省优秀工程设计二等奖
　　　　　　3. 2014 年度江苏省城乡建设系统优秀勘察设计二等奖
　　　　　　4. 2013 年度南京市园林绿化工程"金陵杯"（市优质工程）

1. 入口芝庭与鸟居
2. 时光之路
3. 六角重檐亭
4. 卷棚歇山亭
5. 赏樱步道
6. 友谊剧场
7. 樱林草地
8. 观樱亭
9. 友谊廊
10. 厕所
11. 友谊碑（近藤一马碑）
12. 姊妹亭

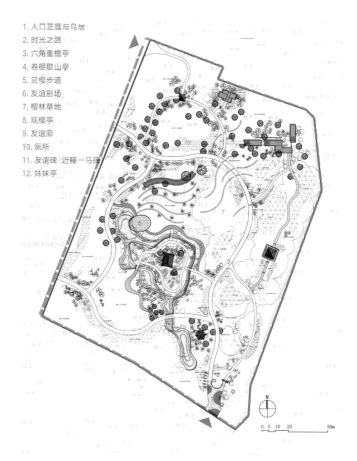

总平面图

樱花林鸟瞰

胭脂雪卷棚歇山亭

入口

友谊廊北侧

芳菲月亭秋景

本项目位于江苏省南京市钟山风景名胜区，始建于1996年，原有面积20亩。园区内部原地形平坦缺乏变化，部分场地存在排水不畅问题，导致樱花长势不良；景观空间无序，原有的建筑及小品风貌杂乱。根据省政府要求，提升樱花园景观等级并扩大面积至60余亩，以樱花为意象表达"中日友好"的文化主题。设计着重突出以下5个方面：

1. 延山引水，优化场地空间格局

设计围绕"中日友好"的文化主题展开，采用"空间单元分置法"，将中、日不同风格的景观单元分别布置，通过组织游览线路、结合绿化的掩映与分隔，有意识地将景观单元相对片区化，又适度透景。同时，采取交互展开的空间单元与序列，巧妙、形象地展现了中日两国文化的源流关系。

2. 莳花植木，突出植物景观特征

樱花为全园的植物造景基调，园内栽植了8个品种的樱花3000余株；同时，将富有中国特色文化内涵的梅花置于同一园林空间之中；为丰富园区的季相观赏性，适当增植了不同花期的观花植物，补植地域性色叶、常绿植物。

3. 安亭置榭，彰显景观主题

设计通过布置具有传统江南园林建筑风格的六角攒尖重檐亭、歇山亭、石拱桥等展现中国的文化，亦设有体现日本传统园林特征的鸟居、洗手钵、石灯笼、赏樱亭等；另根据人物故事情节需要设置了具有民国风格的廊与花架，局部营造枯山水庭院。

4. 疏源掘流，传承场所文脉

设计从空间结构的把握入手，借助细节的表达和文化氛围的渲染，凸显场所特色和文脉。

匠心独具地将文化线索"分而并置"："中国园"一侧以六尊明式螭首为引导，老井券与"日本园"一侧的洗手钵隐喻了中日文化"源"与"流"的关系；而具有民国建筑风格的友谊廊与紫藤花架，则隐喻着故事发生的年代和中日友好的主题。

5. 优化竖向，满足植栽及水景营造

园内水系原为人工硬质驳岸，由于处理不当导致水源难以存蓄；东部地段积涝致使樱花长势不良。因此，设计重点整理了园区水系，解决了水量存蓄问题，同时栽种水生植物，着力营造自然驳岸、跌水、漫滩的优美水景；对部分樱花栽植区域进行了竖向优化，从而满足樱花的生态习性。

213

III.1.08
雨花台风景名胜区
丁香花园

设计人员：成玉宁等
作品地点：江苏省南京市
设计与建造时间：2011－2012
工程规模：1200 m²
建设单位：南京市雨花台管理局

弹洞涌泉实景

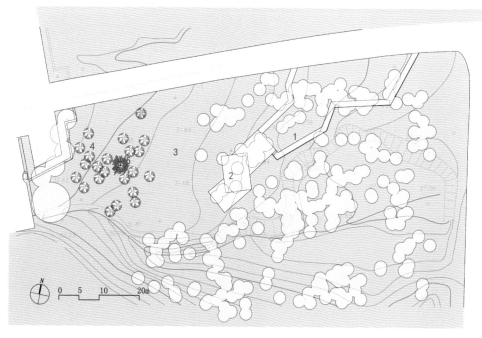

总平面图：
1. 栈道
2. 瞻台
3. 草坪
4. 丁香林
5. 弹洞

214

瞻台实景

弹洞涌泉实景

瞻台实景

在南京雨花台烈士陵园，长眠着一位女烈士——白丁香，为了理想于二十二岁失去了自我及腹中胎儿的生命。丁香花园的景观设计围绕着白丁香烈士的故事展开，以"大爱无痕、大象无形"为创作理念。基地位于园区主轴线东侧一片西高东低的自然缓坡草地，面积约 2000m²，东侧以无患子林为主，南侧为次生林地，中部为疏林草地，西侧为"忠魂颂"浮雕。在特定场所中生成的丁香花园是与场所精神对话的产物，它恬淡、质朴、宁静，融于周边环境，一片纯净的丁香林传达着独特的意境。设计着重突出以下两个方面：

1. 大爱无痕——景象的塑造

丁香花园由引导空间、瞻台、草坪、丁香林和弹洞涌泉 5 个部分构成。设计采用"留白"的艺术创作手法，有意识地借由一片平坦的草地从空间上将观者与纪念主体分离开来，以此形成纪念人物与观者之间的"距离"。西侧的"22 株丁香树和一眼涌泉"是景观的主体，东侧是地势略低的木质"瞻台"。"瞻台"与"丁香林"之间产生的空间张力、略微的仰视，令观者的敬仰之情油然而生。

2. 大象无形——意境的生成

以"大象无形"为表达方式，22 株丁香树象征着烈士短暂而绚丽的人生与精神的永恒。"弹洞涌泉"由烈士纪念馆装修剩余的 93 块汉白玉加工而成，静卧于草坡，象征着子弹洞穿大地而形成的"弹洞"，表达着对无情枪弹的憎恶。"弹洞"中汩汩涌出的清泉则似"血液"，寓意生命的不息。设计采用非线性叙事方式，突破时空结构的限定，通过拼接、打散与叠加组织景园空间，结合隐喻引发园林意境的生成。

III.1.09
天台山风景名胜区
石梁景区

设计人员：唐军、杜顺宝、邓郁、王伟成等
作品地点：浙江省天台县
设计与建造时间：2012.9 — 2015.5
工程规模：5.3 hm²
建设单位：文成县风景旅游管理局
获奖情况：1. 2016 年江苏省城乡建设系统优秀勘察设计一等奖
　　　　　2. 2016 年江苏省优秀工程设计一等奖

景区小铜壶入口

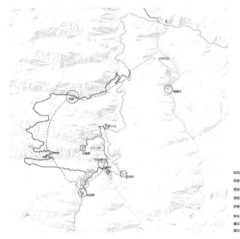

总平面

小铜壶瀑布

百丈飞瀑

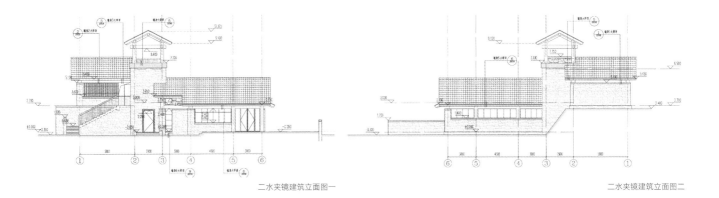

二水夹镜建筑立面图一

二水夹镜建筑立面图二

二水夹镜竹林茶室

　　工程位于石梁景区的核心地块内，景区以峡谷溪瀑为景观特色，峡谷中溪水清冽，植被葱郁。水体景观自地质奇观石梁飞瀑始，倾泻于悬崖之巅，突奔于秀谷之中，形成瀑布、跌水、溪流、潭池等水景。景区自开放以来，接待了无数的中外游客，但是随着时间的推移，景区内的游憩服务设施不足、建筑与自然景观不协调的矛盾日益凸显。

　　本次环境整治即在此背景下，在充分保护景区自然和人文风景资源的基础上，通过对观景场地及游步道、景观建筑、服务设施的整治与改造，凸显风景特征，充实游憩活动，增加服务设施。

　　设计从整体规划和环境景观条件分析出发，整体统筹、因地制宜，梳理景区流线，结合 GIS 视线分析与现场调研，充分考虑瀑布景观特征和观景需求，论证景观空间的藏与露，科学合理的控制各景观建筑的体量和形态。在此基础上，设计借鉴风景区所在的山地民居建筑的空间组织和建构方式，随坡就势、就地取材，满足游憩活动的功能需求的同时，尽可能减少对场地环境的干扰，凸显风景建筑的地域性和时代性。

　　项目实现了将观景活动和景观空间融于自然之中的追求，在最大程度尊重原生态的峡谷溪流景观的基础上，充分展现了景区的景观特征，使人工设施成为风景环境中的有机组成部分。

III.1.10
南京市牛首山风景区
(北部景区)

设计人员：成玉宁、袁旸洋等
作品地点：江苏省南京市
设计与建造时间：2013.7 — 2014.5
工程规模：6287 hm²
建设单位：南京软件谷文化旅游发展有限公司
获奖情况：1. 2016 年江苏省优秀工程设计一等奖
　　　　　2. 2015 年江苏省省城乡建设系统优秀勘察设计三等奖

总平面图说明：
1. 景区主入口
2. 万象更新广场
3. 停车场
4. 游客中心
5. 拈花微笑
6. 六祖洞
7. 天籁洲
8. 塔影湖
9. 涤心潭
10. 茶溪谷
11. 观光缆车站点

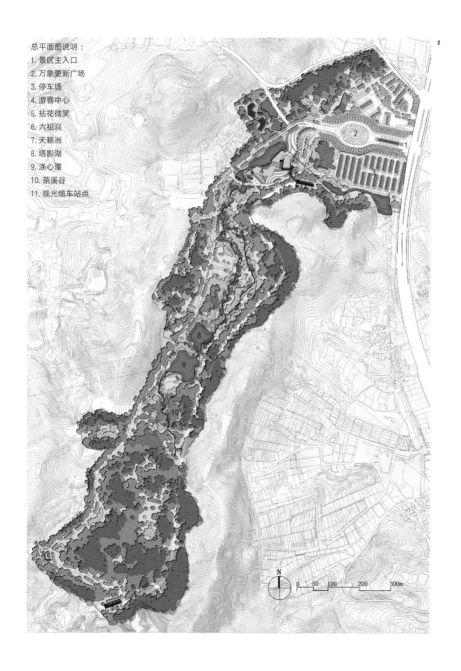

5

1 总平面图
2 "梵音涧"溪流跌水
3 "涤心潭"
4 塔影湖
5 佛顶宫入口建筑
6 入口景观水池

本项目位于牛首山北部片区，为一南北走向的狭长谷地，东西两面环山，是供奉释迦牟尼顶骨舍利的佛顶宫配套项目，也是传统踏青赏花活动之路。鉴于以上，本项目的设计在充分分析现状条件的基础上，通过集约化的方式，统筹协调生态保护、环境治理、水景营造，植被恢复等功能，设计着重突出以下4个方面：

1. 生态环境保护

在对场地充分调查研究的基础上，最大程度利用地形地貌、水体环境以及植被等资源。通过科学评价与分析，最大限度地保护自然环境；同时合理利用现状道路以及废弃矿坑、建筑物等来布置道路及建筑小品等游憩设施，减小对环境的扰动。

2. 恢复"春牛首"的传统景象

在保护生态环境的基础上恢复"春牛首"景象，尤其以春花植物作为林相改造的主打植物类型，营造春色盎然的景观界面，重现古时繁花烂漫、万人踏青的"春牛首"盛景。

3. 再现禅宗文化胜境

牛首山北部区域现已无禅宗文化的历史遗迹留存。本次的设计通过现代化的景观语汇再现禅宗文化盛景，向当代人传达禅宗文化中具有积极意义的部分，彰显牛首山作为牛头宗祖庭的历史地位。

4. 科学化分析与设计

本设计使用科学的定性与定量分析方法，对场所进行全面且细致的调研，并在此基础上进行评价，如生态敏感性分析、建设适宜性分析，进而确定景观节点的选址。在水景观的设计及施工中，采用参数化的设计方法，科学合理营造拟自然生态水景。运用新方法、新技术再造"梵音涧"。

III.1.11
南京明城墙解放门
东南侧游园

设计人员：杨冬辉等
作品地点：南京市
设计与建造时间：2013.7 — 2014.11
工程规模：7400 m²
建设单位：南京市园林局
获奖情况：1. 2017 年度教育部优秀工程勘察设计一等奖
　　　　　2. 2016 年度江苏省城乡建设系统优秀勘察设计三等奖
　　　　　3. 2016 年度南京市优秀园林和景观工程设计一等奖

中部主广场西望鸡鸣寺与紫峰大厦

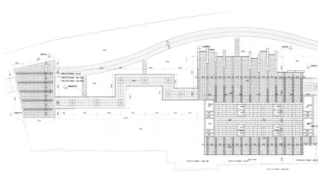

中部广场平面详图

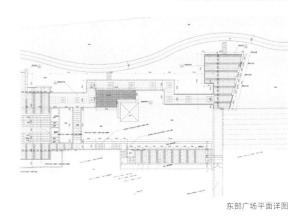

东部广场平面详图

西入口广场观景平台远眺

西入口片石景墙

西入口广场及观景平台

东入口圆形健身广场

中部主广场特色廊架

中部广场大台阶

　　本项目位于南京解放门东南角，市政府北侧，紧倚明城墙，总面积约7400m²。本项目秉承"还路于民、还绿于民"的总体规划要求，将设计功能定位于建设面向市民开放的绿地游园。项目西接鸡鸣寺解放门，东侧未来可与九华山公园相接，是环玄武湖城市开放景观带的一部分。

　　方案设计从解读区域内历史积淀入手，取明代城墙之气势，得民国建筑之神韵，深入挖掘地块内城墙文化与市府大院内的民国历史文化，通过景观设计语言展现基地内的文脉特点。形式厚重古朴，语言简洁凝练，材料选择民国建筑特色青砖，作为大面铺装及贴面材料。

　　公园流线内以东西向贯穿，西侧面向鸡鸣寺打开入口，通过台阶把人流自然引入公园。东侧以自然绿地为主，中部设置主广场，为欣赏鸡鸣寺与紫峰大厦绝佳之处。广场东西两侧以曲折园路连接小广场。北侧沿城墙侧另辟小径，南侧可下平台步道穿行其间。

　　植物造景以樱花为特色，将樱花大道延续至本公园内在此形成高潮。下层植被通过宿根花卉如二月兰、玉簪等形成地被色带。其他区域引入适宜城墙侧生长的常绿与落叶小乔木、灌木，如茶梅、桂花、红枫等，形成绿色背景林，使四时有景。同时采用多种生态技术措施，如灌溉系统、生态透水材料等，打造绿色低碳的公园典范。

III.2 建成环境
III.2.01
江苏常熟虞山辛峰亭游览区规划与广场

设计人员：陈 薇、王建国、周小楝、温 秀等
作品地点：江苏省常熟市
设计与建造时间：1997
工程规模：18 hm²，广场面积：11000 m²

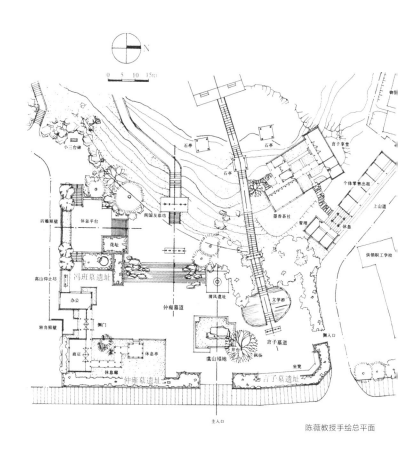

陈薇教授手绘总平面

王建国院士手绘鸟瞰图

常熟虞山东麓建成广场及仲雍墓道

广场保留了原牌坊和树木

新建言子墓道石亭

　　常熟是历史文化名城，山城结合是其主要特征。虞山辛峰亭游览区，存有多处文化遗址和文物建筑，自然景观优美，且山脚直接成为山与城的结合部。随着城市的发展需求，对山脚的广场部分和辛峰亭游览区进行设计和规划，成为必须。

　　规划和设计的特色是：强调山林和城市连为一体的地理特点；增强景观系列的完整性、主次性和序列性；在流线上进行引导、在规模上进行控制，确保文化品位和自然生态特性的体现。广场作为山城结合部，解决地形、道路、功能和城市空间上的转换和过渡。

III.2.02
溧水城东公园

设计人员：王晓俊、王伟成等
作品地点：江苏省南京市溧水区
设计与建造时间：2008.12 － 2010.6
工程规模：16000 m²
建设单位：溧水县建设局
获奖情况：2013 年度全国优秀工程勘察设计行业奖二等奖

外景一

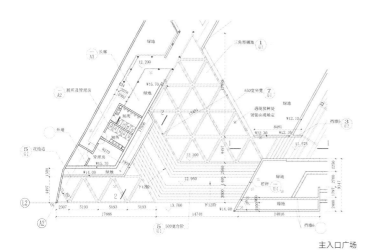

主入口广场

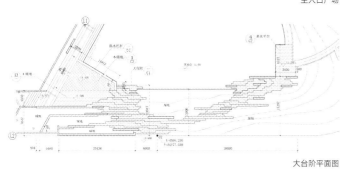

大台阶平面图

大台阶

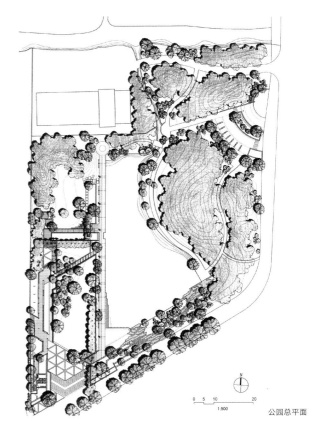

1:500

公园总平面

外景二

项目位于南京市溧水区，为社区公园。设计因地制宜充分利用现状，围绕现场保留的植物、竖向、水体进行公园景观营建，对公园基本思路与设计手法进行了深入的推敲。公园西部一组庭园采用了步道、铺地、现代风格的长廊划分与引导空间，希望通过曲折收放的空间、精美的铺装、高低错落的挡墙、粉墙窗洞的细部设计，使人在步移景异之中能感受到传统园林的空间精神。公园在细部设计上体现了传统园林的精致感。尤其是入口广场的青石板三角形纹样铺地、折线形长廊及花窗、"V"形镜面水池等设计在现代构图基础上展现了传统园林的精致性。生态建园思想贯彻于公园整体景观设计之中，既有丰厚的绿量，又有不同生境的各种适生植物展现的生物多样性，同时在植物选择时注重乡土树种的应用。

利用排树形成滨水步道

225

III.2.03
扬中市滨江公园

设计人员：成玉宁、袁旸洋等
作品地点：江苏省扬中市
项目功能：休闲游憩
设计与建造时间：2010.12 － 2012.2
工程规模：21 hm²
建设单位：扬中市市政园林局
获奖情况：1. 2014 年度江苏省土木建筑学会建筑创作奖一等奖
2. 2013 年度教育部优秀工程勘察设计三等奖

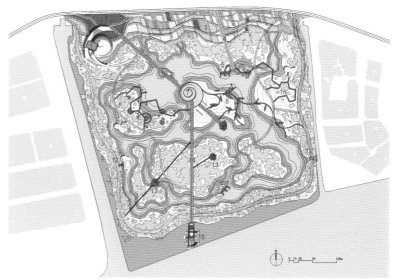

总平面图

扬中市滨江公园鸟瞰

226

望江台及木栈道

远眺"鹤立江滩"码头

木栈道与观鸟台

夕阳下的钢栈桥

杉林雾森

滨江码头

本项目位于扬中市区南部，毗邻长江，用地呈狭长的带状，占地面积约 21hm²。由于原工业堆场、沙石码头等人工设施的长期扰动，造成了滨江岸线生态条件的恶化。设计致力于恢复和优化沿江生态岸线和滨水环境，满足现代高品质的滨江生活要求，展现滨江地段的生态与人文魅力。设计遵循生态修复的方法，对场所环境进行有序的引导性修复，满足人们欣赏江滨、回归自然的愿望。同时，选择性地保留与彰显了场所记忆，赋予滨江岸线新的活力。着重突出以下四个方面：

1. 人工引导下的生态修复

针对长江岸线受到侵蚀、破坏的状况，设计采取抛毛石并间种植物的方法，既有效应对江水的潮汐变化，又创造了多孔空间，为沼生动植物提供了生存环境。从北部的城市到南部的长江，设计采用"梯度"策略营造空间及生境，实现了由人工向自然的过渡。

2. 地带性景观特征的营造

设计中大量运用落羽杉、垂柳、杞柳、芦竹、芦苇、荻草、蒲苇、芒草等地带性适生植物。同时，丰富江堤景观，结合原江堤加固工程营建曲线型台地并种植亚热带适生湿地植物 150 余种，形成了地带性湿地植物品种园区。

3. 可再生材料的运用

景观的营造坚持可持续的理念，大量使用可回收的金属材料。凡是存在有季节性淹没可能的栈道等设施，其建造材料均采用不饰涂装的拉丝不锈钢材质，从而实现免维护。

4. 场所记忆的响应与表达

园内的建、构筑物的设计力求简洁、明快。"迎江阁"的构思取意"春江水暖鸭先知"，游船码头的创作灵感源于"鹤立江滩"，以唤起人们对旧时船坞、吊车的记忆；作为湿地科普馆的"望江台"状如螺壳，极具形式感且满足了科普展示的空间及流线需求。

III.2.04
南京明城墙玄武门——
神策门段环境综合整治

设计人员：杨冬辉等
作品地点：江苏省南京市
设计与建造时间：2012.12 — 2014.7
工程规模：6.9 m²
建设单位：南京城建隧桥经营管理有限责任公司
获奖情况：2017 年度教育部优秀工程勘察设计一等奖

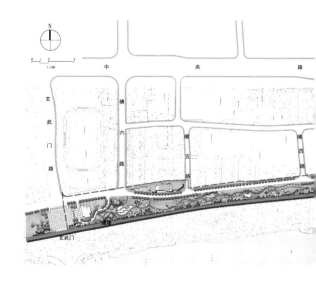

玄武门广场

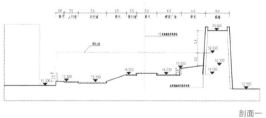

剖面一

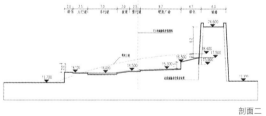

剖面二

弧形广场

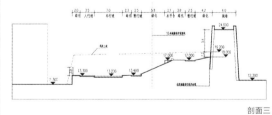

剖面三

剖面四

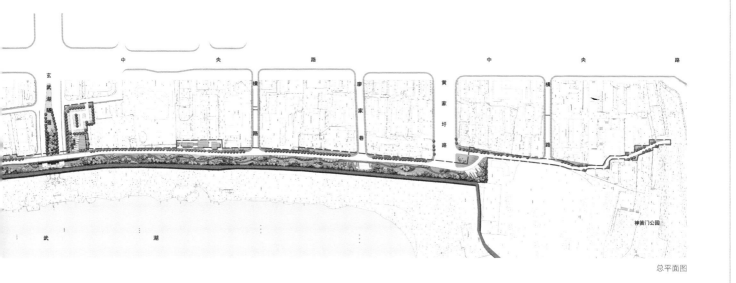

总平面图

明城墙玄武门—神策门段环境综合整治工程位于南京市玄武区，是南京市打造明城墙风光带，迎接 2014 年青奥会的重点项目之一。项目坐落于秀美的玄武湖畔，正处在玄武湖开放景区与内城空间聚落的分界线上，也是古城南京的文化名片——明城墙遗址的重要段落之一。

工程范围为明城墙西侧，由玄武门至神策门的狭长地段，长约 2.3km，宽约 30~50m，总面积约 6.9 ㎡。

设计以"古都秋韵"为主题，力图通过秋景的营造来完善明城墙游览线的四季风貌，强化古都南京"怀古"的文化气质。全长近 2.3km 的基地被分为七个主题段落展现，由北至南依次为玄武秋韵、秋月春华、缤纷秋色、古都新貌、金风送爽、秋日私语、神策幽思。根据其所处位置与功能氛围的不同，在空间环境与种植设计上又有所区分，形成从玄武门向神策门由动至静的层层过渡。

设计主要着力于解决两大问题。首先是高差处理。原地形标高极为复杂，又牵涉到城墙安全这样的高敏感问题，需始终秉持高度审慎的态度，最终建设的成果是文保、结构、土建多个专业共同磨合的结果，基本达到了之前的方案预期，古老的城墙得以充分显露，并顺利度过了南京几个雨季的考验。其次是路线问题。我们对原定 14 米的规划道路作了分幅处理，以若即若离的绿带分隔出一条慢道，与车行分开，以保证城墙区域的相对安静。局部又以小径或汀步穿插，串联起各景观节点，借蜿蜒的路线和起伏的高差，营造出更为丰富的景观感受。

绿丘之岛

III.2.05
天保街生态路示范段

设计人员：成玉宁、陈烨、袁旸洋等
作品地点：江苏省南京市
项目功能：城市道路景观及海绵系统
设计与建造时间：2013.12 — 2014.6
工程规模：1599.8m（标段横断面宽45m）
建设单位：南京河西工程项目管理有限公司
获奖情况：1. 2016 年度江苏省优秀工程设计一等奖
　　　　　2. 2016 年度江苏省省城乡建设系统优秀勘察设计一等奖

图例：

❶ 机动车道　　❾ 跌水井
❷ 非机动车道　❿ 透水管
❸ 人行道　　　⓫ 收集管
❹ 集水边沟　　⓬ 雨水口
❺ 集水透水井　⓭ 溢流管
❻ 汇水管　　　⓮ 市政雨水井
❼ 过路输水管　⓯ 市政雨水管
❽ 渗透式储水模块　⓰ 河道

系统结构组成

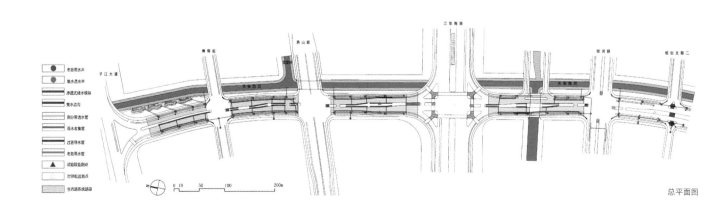

总平面图

雨后路面

天保街生态路示范段鸟瞰

普通路面

生态透水路面

生态路系统中分带植物势明显优于对照组

天保街生态路示范段

天保街位于南京市河西新城南部地区，北起滨江大道，南至红河路与淮河路之间，全长约1599.846m，道路标段横断面宽45m。规划为城市次干道。

本设计针对江南高水位地区路基特点进行设计，创新性地在保持原江南地区传统市政道路断面构造的前提下，将面层4cm改为透水沥青，结合透水面层的设计，系列通过定制的排水边沟，与面层的排水沟、收水井、分配调配水井以及相应的蓄水装置，和盲管、侧分带、侧分带中的盲管和中分带中的独立式蓄水模块，共同构成了路面的排水、收水、集水、净水、储水和用水系统，实现严格隔绝地下水对路基的影响。本项目具有以下创新点：

1. 将路面的排水、集水和园林绿化浇灌用水有机结合；

2. 构建了一套完整的针对江南地区市政道路的集、收、净、蓄、用系统；

3. 低成本、免维护的雨水系统，具有无能耗、高效能、易实施的特点；

4. 通过拟生态的环境系统，有效缓释与渗透技术，实现无动力高效灌溉；

5. 创新地采用了物联网和传感器技术，全天候定量化监测降水、集水、土壤水等的效能，并实时通过公共无线网络传回相关数据图表，实现全过程自动化；

6. 全系统集成度高，同步实现降低地表径流与节水，效能显著，环境效益及经济效益可观，易于推广。

III.3 景园建筑
III.3.01
南京狮子山阅江楼

设计人员：杜顺宝、丁宏伟、王海华、杜嵘等

项目地点：江苏省南京市

设计与建造时间：1993 － 2001

获奖情况：1. 2001 年度教育部优秀工程勘察设计二等奖

2. 2005 年度国家优质工程银质奖

阅江楼鸟瞰

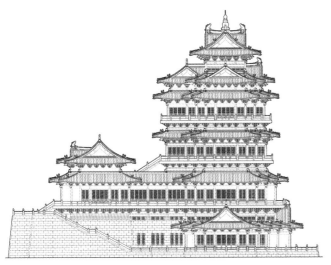
立面图

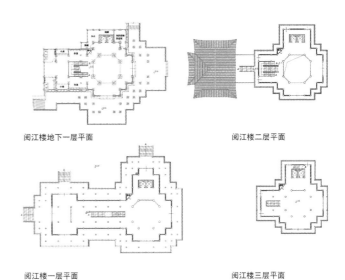

阅江楼地下一层平面　　　　　　　　阅江楼二层平面

阅江楼一层平面　　　　　　　　　　阅江楼三层平面

东面观景

南面观景

　　明太祖朱元璋建都南京不久，为壮京师以镇遐迩，于洪武七年下诏在狮子山巅建阅江楼。楼未建成却留下两篇《阅江楼记》存世，迄今有记无楼已六百余年，成为南京重要的历史文化资源。当今国泰民安，百业振兴，有识之士遂有兴建阅江楼之动议。工程自 1993 年开始设计，历经多次修改，于 1998 年秋动工，2001 年秋第二届世界华商会议在南京开幕前夕建成开放，当即得到全国政协李瑞环主席和众多海外华商的热情赞赏，成为南京市新的标志性文化景观，明城墙风光带中的亮点，2003 年与南京近代史博物馆总统府同时晋升国家 4A 级旅游景区行列。评论家认为阅江楼以雄健气势和壮观景色突出了南京悠久历史文化中的阳刚文化，在以伤感和绮丽颓废为基调的众多景点中脱颖而出，与奋发向上的时代主旋律相吻合。阅江楼开放至今，得到社会各界和中外游客广泛好评。

　　阅江楼设计在严巧妙地利用原有山势地形，灵活地运用古典建筑形式，营造出壮阔、雄健的气势，创造了最佳的观赏长江风光条件，并与明城墙及四周环境和谐融为有机整体，促进了狮子山及周边地区的环境整治与改造，为提升南京城市文化品位、传承城市历史文化作出了贡献。

二楼中堂瓷砖画与藻井

景园建筑

III.3.02
武夷山九曲花街

建 筑 师：钟训正、单踊、袁玮、韩冬青等
作品地点：福建省武夷山市
项目功能：商业、酒店
设计与建造时间：2003.2 — 2007.3
工程规模：42000 m²
建设单位：武夷山市兴宇房地产开发有限公司
获奖情况：1. 2011 年度教育部优秀工程勘察设计一等奖
         2. 2011 年度全国优秀工程勘察设计行业奖三等奖

A 区西望

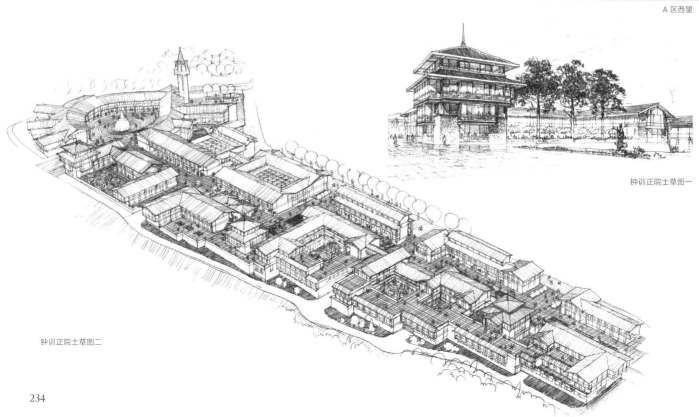

钟训正院士草图一

钟训正院士草图二

234

品茗阁外观

街道内景

C区南入口

C区南广场

武夷山市九曲花街位于武夷山景区的星村镇，项目用地狭长，基地起伏较大，呈东南高，西北低的走势，最大高差达到十余米。该项目总体布局顺应地形，极力保持整个自然景观和文化景观的自然性与整体性。平面功能布局紧凑，尺度示意，体现商业街区的特质。建筑造型以基地的特殊环境及建筑的功能性质为出发点，创新地表现出地域建筑特有的文化韵味。立面设计手法遵循形式细节突出现代特征，意念神韵强调场所精神，在尊重地域文化和自然环境方面做出了有效的尝试，探索创造一种适应新的功能需求和形象特征的"新武夷风格"。

在九曲花街的设计中依然秉承了钟训正先生"顺其自然，不落窠臼"的设计观。"自然"的不仅指物质层面的，也包括了社会、文化和历史等精神层面的要素，包括建筑与场所的关系和谐融洽、建筑对历史文脉的延续等；"顺"是因时因地制宜，从场所出发；"不落窠臼"在设计中求创新，是在"顺"的同时表现出一定程度的"逆"。

九曲花街的设计中，尊重自然的态度是毋庸置疑的，而关注建筑的地域性不仅仅是建筑单向度地适应环境，而是在适应自然的同时创造出适合现代社会生活之要求的空间，即将建筑的内外部空间营造融入场地的历史与自然环境的同时，激发创造出场所的活力。

III.3.03
泰州望海楼设计

设计人员：杜顺宝等
项目地点：江苏省泰州市
设计与建造时间：2005 － 2007
获奖情况：2010 年度江苏省优秀设计工程二等奖

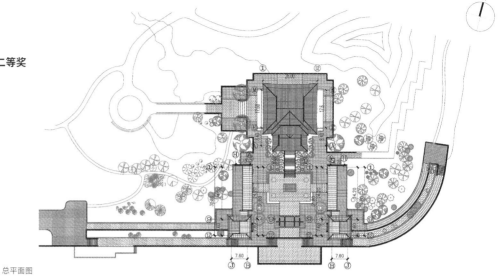

总平面图

南面夜景

全景

西北视景

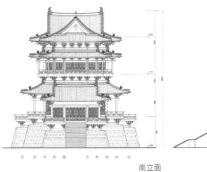

南立面

剖面

　　泰州望海楼位于泰州城内东南隅。初建于南宋绍定二年。经明清多次重建，于抗战时期被拆除。

　　21世纪初，泰州市决定建设凤城河景区并在原基地重建望海楼。该基地东南有凤城河环绕，为泰州古城环河景观最佳地段，河旁有宋州城遗址。

　　重建的望海楼坐北朝南，楼南设广场临凤城河。楼高二层，建于高大的台基上，总高32m，一层出抱厦为门屋，二层为平座，上覆腰檐，屋顶为歇山出龟头屋形式。造型简洁有变化。楼内外施丹粉刷饰彩画。原人民日报总编辑范敬宜先生为此撰写了《重修望海楼记》。

III.3.04
同乐坊——安徽滁州琅琊古道步行街

设计人员：段进、张麒、殷铭、王伟成等

设计时间：2009—2010

项目面积：2 hm²

委托单位：安徽省琅琊山矿业总公司

获奖情况：1. 2015 年度 亚洲建筑师协会荣誉奖

　　　　　2. 2014 年度江苏省优秀工程设计二等奖

　　　　　3. 2009 年度"安徽人居环境范例奖"

步行街街景一

步行街街景二

步行街街景三

安徽滁州琅琊古道步行街（同乐坊）项目位于滁州琅琊山风景区琅琊古道西南侧，距琅琊山大门不足 400m，是前往琅琊山风景区的必经之地，改造前为矿区的垃圾坑和破旧棚户区。

本次规划设计主要进行以下 4 个方面的探索。1. "徽而新"的特色的塑造。总体布局方面，结合曲折的用地条件，灵活运用内街、小广场、长廊等空间要素，共同构成一个既完整统一又相对独立、导向明确、可生长的商业建筑群。有机延续了传统徽派空间的肌理和特色。建筑单体方面，继承传统徽派建筑院落式的布局，清新淡雅的建筑色彩、简约纯粹的建筑造型。在形式、材料等方面推陈出新，塑造鲜明的建筑个性。2. 有机切入基地环境。通过建筑的错层以及层层跌落的室外场地，利用现状的地形高差，创造连续整体、灵活多变、丰富的空间层次。保留场地内高大乔木，快速形成良好的景观氛围；严格控制步行街的建筑高度，确保了建筑景观与山体景观的相互渗透。3. 强调建筑的城市空间属性。借助丰富多变的沿街立面，高大突出的同乐亭。通过公共庭院、场地将建筑与城市环境联系在一起，为市民提供丰富的公共活动空间，营造"与民同乐"的空间氛围。4. 延续琅琊山的历史文化内涵。选择不同造型、大小的景观亭做为整组建筑群以及各主要空间节点的景观标志，有机呼应了琅琊山的"亭"文化。

同乐坊的建成，大大改善了滁州铜矿与琅琊古道的景观环境，为市民提供了丰富的公共活动空间，实现滁州休闲商业提档升级，被誉为滁州城市的新客厅。

建筑立面局部

III.3.05
狮绣山庄 —— 阅江楼景区游客中心

设计人员：陈洁萍、杜顺宝、唐静寅等
作品地点：江苏省南京市
项目功能：接待餐饮住宿
设计时间：2010 — 2014
工程规模：3000 m²
建设单位：南京阅江楼管理处

总平面

本项目位于南京市下关区，阅江楼下狮山环抱，西北靠山东南开阔，重重台地植被繁盛，景区深处闹市处幽，然山体脆弱地形复杂，东南城景阻挡视野。故取楼台之策，使体量地形互为映衬，亭台树院逐一展开，观景起居相得益彰。

入口

240

绣声园

听风台

屋顶平台

回望停风亭

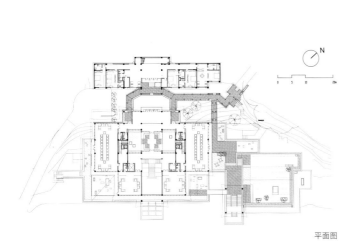

平面图

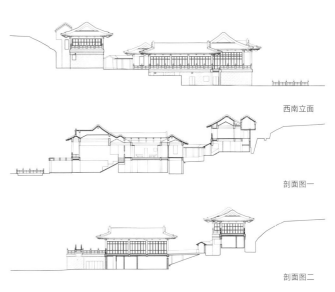

西南立面

剖面图一

剖面图二

III.3.06
常州花博会雅集园

设计人员：朱光亚、胡石、杨红波、朱坚、周玮、雷巍等
作品地点：江苏省常州市
项目功能：陈列展示
工程规模：22716 m²
设计与建造时间：2011 － 2013

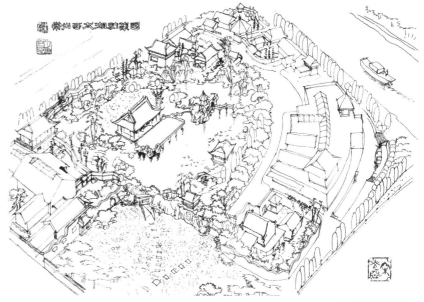

朱光亚教授手绘鸟瞰图

舣舟亭

242

陈履生美术馆

　　应第八届中国花卉博览会规划要求，常州武进西太湖畔，除沿游览动线设立了符合现代展陈要求的展馆外，东、南紧靠孟津河水系，湿地对岸，有一处为当代名士聚集的雅集之所——雅集园，并于展区中展现了常州武进特有的江南地域文化的建筑组群，此风格为花博会众建筑中孤例。

　　雅集园的构想，来源于历史上著名的西园雅集——相传于北宋期间举行的一场盛大的文人聚会，西园为北宋驸马都尉王诜之第，当代文人墨客多雅集于此。元丰初，王诜曾邀同苏轼、苏辙、黄庭坚、米芾、蔡肇、李之仪、李公麟、晁补之、张耒、秦观、刘泾、陈景元、王钦臣、郑嘉会、圆通大师（日本渡宋僧大江定基）十六人游园。米芾为记，李公麟作图二，一作于元丰初三诜家，一作于 1086（元祐元年）赵德麟家。从兰亭到西园雅集，到西泠印社，再至南社，历代文人墨客寄情于山水，怡情于园林。整个雅集园采用了江南古典建筑与现代建筑相结合的手法，在鳞次栉比的现代大型展馆及高层宾馆的映衬下别具地域特色。

商业中心外景

评鉴今古

III.3.07
牛首山文化旅游区
一期工程入口配套区

建 筑 师：王建国、朱渊、吴云鹏、姚昕悦等
作品地点：江苏省南京市
项目功能：景区服务配套
设计与建造时间：2013.2—2015.10
工程规模：91670 m²
建设单位：南京牛首山文化旅游集团有限公司
获奖情况：1.2017年度江苏省工程勘察设计建筑工程一等奖
        2.2016WA中国建筑奖 WA城市贡献奖佳作奖

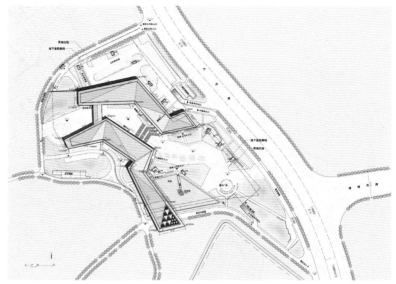

总平面图

局部鸟瞰

牛首山风景区位于南京市江宁区北部，是以佛文化为主题，集休闲度假、风景游览、文化体验、生态保育四大功能，融历史人文、自然景观为一体的全国知名山地文化旅游景区。牛首山文化旅游区一期工程入口配套区是牛首山东麓入口处的标志性建筑，既是景区接待量最大的游客中心，同时也作为公共广场为城市服务。

建筑形体之于入口功能和自然地形特征的自明性

建筑设计根据场地地形标高的变化，采用了两组在平面上和体型上连续折叠的建筑体量布局，高低错落、虚实相间。起伏的屋面和深灰色钛锌板的使用，是对山形和呼应和江南灵秀婉约建筑气质的演绎，也隐含了"牛首烟岚"的意境。

建筑意象之于佛教文化主题和牛首山历史意象的视觉相关性

设计在审美意象上考虑了佛祖舍利和牛首山佛教发展的年代属性，总体抽象撷取简约唐风，并在游客的路线设计上融入禅宗文化要素，风铃塔、景观水面、星云广场、八宝花坛等景观要素与建筑相互映衬，回应了社会各界和公众心目中所预期的集体记忆。

建筑功能之于景区入口容量和城市公共广场的合理性

作为牛首山景区的主要入口，该项目承担着景区大部分的接待量——近期达90%，远期50%—60%。建筑功能包括售票、电瓶车换乘、展览、小型放映、售卖、办公及停车库等。两组建筑围合出的公共空间从城市道路延伸至景区内部，不同层次的场所设计兼顾了参禅人流的礼仪性空间和市民休闲的亲和性空间，建筑、景观的一体化设计使整个场地具有整体秩序和可识别感。

入口水池处视景

茶室内景

售卖区夜景

构架与水池

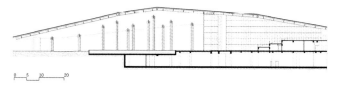

剖面图一

剖面图二

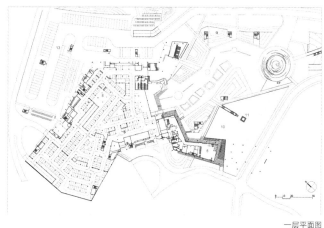

一层平面图

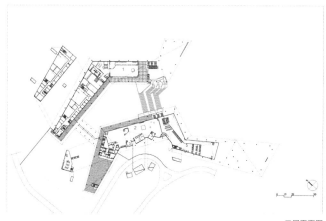

二层平面图

1.售票大厅 2.展厅 3.小展厅 4.信息演示厅 5.茶室／咖啡厅 6.售卖 7.办公 8.停车库 9.种植坑 10.水池 11.风铃塔 12.星云广场 13.大巴停车场

檐下空间

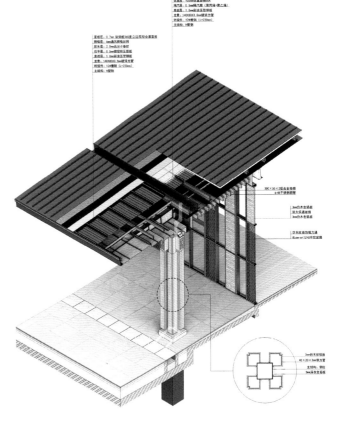

外墙标准断面轴侧分析

转折的屋面

抬升的建筑和场地

附录：东南大学建筑学院获省部级以上优秀规划设计奖作品全录（1997-2017）

建筑设计

全国优秀工程勘察设计金银铜奖（以获奖先后为序）

序号	作品名称	获得奖项	设计人员	合作单位
1	绍兴文理学院新区教学实验楼	2000 年全国优秀工程勘察设计奖铜奖	沈国尧、孙明炜、王太锋等	
2	南京月牙湖花园小区	2000 年全国优秀工程勘察设计奖铜奖	高民权等	
3	南京国际展览中心	2002 年全国优秀工程勘察设计奖银奖	高民权、马晓东等	
4	中国近代历史遗址博物馆文化服务区	2006 年全国优秀工程勘察设计奖银奖	齐康、杨志疆、郑炘等	
5	河南博物院	2006 年全国优秀工程勘察设计奖铜奖	齐康、郑炘、王建国、张宏、张彤等	河南省建筑设计研究院
6	浙江美术馆	2010 年全国优秀工程勘察设计奖银奖	程泰宁等	中国联合工程公司

全国优秀工程勘察设计行业奖／建设部部级城乡建设优秀勘察设计（以获奖先后为序）

序号	作品名称	获得奖项	设计人员	合作单位
1	黄山国际大酒店	1998 年建设部部级城乡建设优秀勘察设计三等奖	齐康、陈宗钦等	
2	绍兴文理学院新区教学实验楼	2000 年建设部部级城乡建设优秀勘察设计二等奖	沈国尧、孙明炜、王太锋等	
3	中国人民解放军海军诞生地纪念馆	2000 年建设部部级城乡建设优秀勘察设计二等奖	齐康、张彤、黄印武等	南京市建筑设计研究院
4	南师大新区现代教育技术中心	2000 年建设部部级城乡建设优秀勘察设计表扬奖	高民权、方于升、吴云鹏等	
5	锡澄高速公路堰桥服务区	2000 年建设部部级城乡建设优秀勘察设计表扬奖	仲德崑等	
6	泰州市市级机关综合办公楼	2000 年建设部部级城乡建设优秀勘察设计表扬奖	丁沃沃、张雷等	
7	周恩来遗物陈列馆	2000 年建设部部级城乡建设优秀勘察设计表扬奖	齐康、张宏等	
8	南京月牙湖花园小区	2000 年建设部部级城乡建设优秀勘察设计表扬奖	高民权等	
9	宿迁市供电局生产调度楼	2001 年建设部部级城乡建设优秀勘察设计三等奖	冷嘉伟等	
10	南京狮子山阅江楼	2001 年建设部部级城乡建设优秀勘察设计三等奖	杜顺宝、丁宏伟等	
11	厦门文联大厦	2001 年建设部部级城乡建设优秀勘察设计三等奖	齐康等	厦门市建筑设计研究院
12	中国近代史遗址博物馆文化服务区	2005 年建设部部级城乡建设优秀勘察设计一等奖	齐康、杨志疆、寿刚等	
13	南京农业大学图书馆	2005 年建设部部级城乡建设优秀勘察设计二等奖	张彤、朱渊等	
14	南京森林公安高等专科学校警体馆	2005 年建设部部级城乡建设优秀勘察设计二等奖	冷嘉伟、韩冬青、刘珏等	
15	福建博物院	2005 年建设部部级城乡建设优秀勘察设计二等奖	齐康、邓浩、杨志疆等	福建省建筑设计研究院
16	河南博物院	2005 年建设部部级城乡建设优秀勘察设计二等奖	齐康、郑炘、王建国、张宏、张彤等	河南省建筑设计研究院
17	南京古生物博物馆	2005 年建设部部级城乡建设优秀勘察设计三等奖	齐康、齐昉、邓浩等	
18	南京森林公安高等专科学校仙林校区主体建筑群（图书馆、教学楼、实验楼）	2005 年建设部部级城乡建设优秀勘察设计三等奖	韩冬青、冷嘉伟、夏兵、王正等	
19	紫金山天文台盱眙观测站观测楼	2005 年建设部部级城乡建设优秀勘察设计三等奖	马晓东、万小梅等	
20	浙江长兴大剧院	2008 年全国优秀工程勘察设计行业奖二等奖	马晓东、高庆辉、曹晖、周小棣等	
21	长兴县图书馆、档案馆	2008 年全国优秀工程勘察设计行业奖二等奖	马晓东、周玮、周小棣等	
22	东南大学九龙湖校区公共教学楼一期	2008 年全国优秀工程勘察设计行业奖三等奖	王建国、张航、李大勇等	
23	洪泽县文化中心	2008 年全国优秀工程勘察设计行业奖三等奖	钟训正、韩冬青、徐静等	
24	绍兴鉴湖大酒店	2009 年全国优秀工程勘察设计行业奖三等奖	杜顺宝、万邦伟等	
25	苏州工业园区重元寺一期工程	2009 年全国优秀工程勘察设计行业奖三等奖	朱光亚、杨德安、俞海洋、周玮、孙潮、周小棣等	
26	泰州望海楼重建工程	2009 年全国优秀工程勘察设计行业奖三等奖	杜顺宝、杨德安等	
27	浙江美术馆	2009 年全国优秀工程勘察设计行业奖一等奖	程泰宁等	中国联合工程公司

序号	作品名称	获得奖项	设计人员	合作单位
28	常熟理工学院逸夫图书馆	2009年全国优秀工程勘察设计行业奖三等奖	程泰宁等	杭州中联程泰宁建筑设计研究有限公司
29	绵竹市广济镇中心区区灾后重建公共建筑群	2011年全国优秀工程勘察设计行业奖一等奖	王建国 、张彤、韩冬青、邓浩、万邦伟等	
30	武夷山九曲花街	2011年全国优秀工程勘察设计行业奖三等奖	钟训正 、单踊、袁玮、韩冬青、吕洁梅、裴峻等	
31	镇江市行政机关办公用房迁建工程及南徐新城地下人防工程	2011年全国优秀工程勘察设计行业奖三等奖	刘博敏 、袁玮 、石峻垚 、穆勇 、俞传飞 、万邦伟等	
32	南京市仙林大学城亚东派出所办公楼	2011年全国优秀工程勘察设计行业奖三等奖	袁玮、石峻垚、薛丰丰等	
33	中国普庆信息产业上海工业园总部科研楼	2013年全国优秀工程勘察设计行业奖一等奖	张彤、毛烨等	
34	常州市武进第二人民医院门急诊病房楼	2013年全国优秀工程勘察设计行业奖二等奖	袁玮、林冀闽、穆勇、石峻垚等	
35	上饶市龙潭湖综合整治项目	2013年全国优秀工程勘察设计行业奖三等奖	马晓东、谭亮、韩冬青、孟媛等	
36	太仓港区商务办公用房1号楼	2013年全国优秀工程勘察设计行业奖三等奖	钱锋、周玮、史晓川等	
37	中国海盐博物馆	2013年全国优秀工程勘察设计行业奖一等奖	程泰宁等	杭州中联筑境建筑设计有限公司
38	银川国际会展中心	2013年全国优秀工程勘察设计行业奖一等奖	程泰宁等	杭州中联筑境建筑设计有限公司
39	南京三宝科技集团超高频RFID电子标签产业化应用项目日物联网工程中心	2015年全国优秀工程勘察设计行业奖一等奖	张彤、殷伟韬等	
40	南京鼓楼医院仙林国际医院基本医疗区	2015全国优秀工程勘察设计行业奖一等奖	高崧、曹伟、孔晖等	
41	湖州市南浔区行政中心	2015全国优秀工程勘察设计行业奖一等奖	程泰宁等	杭州中联筑境建筑设计有限公司
42	北京建筑工程学院大兴新校区机电与汽车工程学院、电气与信息工程学院楼	2015全国优秀工程勘察设计行业奖二等奖	高庆辉、孔晖、袁伟俊等	
43	南京市妇女儿童活动中心	2015全国优秀工程勘察设计行业奖二等奖	韩冬青、马晓东、王正等	
44	姜堰博物馆	2015全国优秀工程勘察设计行业奖三等奖	齐康、王彦辉、叶菁等	
45	苏州高新区科技大厦二期——7#-10#楼	2015全国优秀工程勘察设计行业奖三等奖	曹伟、刘珏、赵卓、沙晓冬、孔晖、曹晖等	
46	国家电网公司智能电网科研产业(南京)基地 生产调度中心	2015全国优秀工程勘察设计行业奖三等奖	钱锋、孙承磊、杨力、刘珏、李大勇等	
47	南京通信技术研发基地中心楼	2015全国优秀工程勘察设计行业奖三等奖	王静、周玮、董卫、冷嘉伟等	
48	沧州博物馆、图书馆、城市规划展览馆	2015全国优秀工程勘察设计行业奖三等奖	单踊、孙友波、马敏、史春华、张光磊等	
49	南京南捕厅历史文化风貌保护区四号地块二期工程南区	2015全国优秀工程勘察设计行业奖三等奖	钱锋、殷伟韬、许立群等	
50	南京通信技术研发基地实验楼	2015全国优秀工程勘察设计行业奖三等奖	朱雷、董卫、张玫英、周玮等	

中国建筑学会国庆60周年建筑创作大奖

序号	作品名称	获得奖项	设计人员	合作单位
1	南京长江大桥桥头堡	中国建筑学会国庆60周年建筑创作大奖	钟训正等	
2	淮安周恩来纪念馆	中国建筑学会国庆60周年建筑创作大奖	齐康、张宏等	
3	中国近代史遗址博物馆文化服务区	中国建筑学会国庆60周年建筑创作大奖	齐康、杨志疆等	
4	福建武夷山庄	中国建筑学会国庆60周年建筑创作大奖	齐康等	
5	浙江美术馆	中国建筑学会国庆60周年建筑创作大奖	程泰宁等	中国联合工程公司
6	南京森林公安高等专科学校主体建筑群	中国建筑学会国庆60周年建筑创作大奖入围奖	韩冬青、冷嘉伟、王正等	
7	南京国际展览中心	中国建筑学会国庆60周年建筑创作大奖入围奖	高民权、马晓东等	

全国建筑设计行业国庆60周年建筑设计大奖

序号	作品名称	获得奖项	设计人员	合作单位
1	淮安周恩来纪念馆	全国建筑设计行业国庆60周年建筑设计大奖	齐康、张宏等	
2	河南博物院	全国建筑设计行业国庆60周年建筑设计大奖	齐康、郑炘、王建国、张宏、张彤等	河南省建筑设计研究有限公司

中国建筑学会建筑创作奖（以获奖先后为序）

序号	作品名称	获得奖项	设计人员	合作单位
1	南京森林公安高等专科学校主体建筑群	2006 年中国建筑学会建筑创作奖优秀奖	韩冬青、冷嘉伟、王正、夏兵等	
2	浙江长兴大剧院	2009 年中国建筑学会建筑创作奖优秀奖	高庆辉、马晓东、钱锋、曹晖等	
3	上饶市龙潭湖宾馆综合楼	2011 年中国建筑学会建筑创作奖佳作奖	马晓东、韩冬青、谭亮等	
4	中国海盐博物馆	2011 年中国建筑学会建筑创作奖佳作奖	程泰宁等	杭州中联程泰宁建筑设计研究院有限公司
5	中国普天信息产业上海工业园总部科研楼	2013 年中国建筑学会中国建筑设计奖（建筑创作）银奖	张彤、毛烨等	
6	南京鼓楼医院仙林国际医院基本医疗区	2014 年中国建筑学会中国建筑设计奖（建筑创作）银奖	高崧、曹伟、孔晖、沈国尧等	
7	微园	2016 年中国建筑学会中国建筑设计奖（建筑创作）银奖	葛明、陈洁萍、淳庆等	
8	南京博物院二期工程	2016 年中国建筑学会中国建筑设计奖（建筑创作）银奖	程泰宁、王幼芬等	杭州中联境建筑设计有限公司
9	如东县市民服务中心	2016 年中国建筑学会中国建筑设计奖（建筑创作）入围项目	韩冬青、谭亮等	

教育部优秀工程勘察设计（以获奖先后为序）

序号	作品名称	获得奖项	设计人员	合作单位
1	黄山国际大酒店	1998 年教育部优秀工程勘察设计二等奖	齐康、陈宗钦等	
2	江苏省中日友好会馆	1998 年教育部优秀工程勘察设计二等奖	沈国尧、杨德安、周主麟等	
3	江苏省游泳跳水馆	1998 年教育部优秀工程勘察设计二等奖	周琦、刘桑园等	
4	南京航空航天大学逸夫科学馆	1998 年教育部优秀工程勘察设计三等奖	齐康、郑炘等	
5	苏州同里湖度假村	1998 年教育部优秀工程勘察设计三等奖	钟训正、王文卿、周玉麟等	
6	绍兴文理学院新区教学实验楼	2000 年教育部优秀工程勘察设计二等奖	沈国尧、孙明炜、王太锋等	
7	周恩来遗物陈列馆	2000 年教育部优秀工程勘察设计二等奖	齐康、张宏等	
8	江苏省人民银行营业办公楼	2000 年教育部优秀工程勘察设计表扬奖	齐康、段进、蒋桂泉等	
9	绍兴沈园三期工程	2001 年教育部优秀工程勘察设计二等奖	朱光亚、周小棣等	
10	南京狮子山阅江楼	2001 年教育部优秀工程勘察设计二等奖	杜顺宝、丁宏伟等	
11	南京电视台演播中心	2003 年教育部优秀工程勘察设计一等奖	韩冬青、蔡芸、刘恭鑫等	
12	西藏和平解放纪念碑	2003 年教育部优秀工程勘察设计一等奖	齐康、张宏、叶菁等	
13	中国近代史遗址博物馆文化服务区	2005 年教育部优秀工程勘察设计一等奖	齐康、杨志疆、寿刚等	
14	南京森林公安高等专科学校警体馆	2005 年教育部优秀工程勘察设计二等奖	冷嘉伟、韩冬青、刘珏等	
15	南京古生物博物馆	2005 年教育部优秀工程勘察设计二等奖	齐康、齐昉、邓浩等	
16	中国小商品城福田市场一期工程	2005 年教育部优秀工程勘察设计三等奖	马晓东、马进、雷雪松等	
17	中国人民银行济南分行金库营业楼	2005 年教育部优秀工程勘察设计三等奖	齐康、齐昉、郑炘、史晓川等	
18	中国科技大学生命科学楼	2005 年教育部优秀工程勘察设计二等奖	齐康、郑炘、林黛闻等	
19	南通纺织职业技术学院综合实验大楼	2005 年教育部优秀工程勘察设计三等奖	马晓东、史晓川等	
20	浙江长兴大剧院	2007 年教育部优秀工程勘察设计一等奖	马晓东、高庆辉、钱锋、曹晖、周小棣等	
21	南京宋都大厦（实体名应大厦）	2007 年教育部优秀工程勘察设计二等奖	韩冬青、高崧、蔡芸等	
22	镇江新区外商投资服务中心	2007 年教育部优秀工程勘察设计三等奖	龚恺、滕衍泽、周文祥等	
23	苏州工业园区重元寺一期工程	2009 年教育部优秀工程勘察设计二等奖	朱光亚、杨德安、俞海洋、周玮、孙潮等	
24	绍兴鉴湖大酒店	2009 年教育部优秀工程勘察设计二等奖	杜顺宝、万邦伟等	
25	南京市秦淮河南岸养虎巷段景观改造——中段 E5# 楼	2009 年教育部优秀工程勘察设计三等奖	齐康、王彦辉、张十庆等	
26	苏源集团有限公司办公研发大楼二期工程	2009 年教育部优秀工程勘察设计三等奖	马晓东、徐静、吕洁梅等	
27	南京外国语学校附属幼儿园	2009 年教育部优秀工程勘察设计三等奖	黎志涛、周玮等	
28	武夷山九曲花街	2011 年教育部优秀工程勘察设计一等奖	钟训正、单踊、袁玮、韩冬青、吕洁梅、裴峻等	
29	镇江市行政机关办公用房迁建工程及南徐新城地下人防工程	2011 年教育部优秀工程勘察设计一等奖	刘博敏、袁玮、石峻垚、穆勇、俞传飞、万邦伟等	
30	太仓港区行政商务中心 2~4 号楼	2011 年教育部优秀工程勘察设计三等奖	马进、钱锋、刘珏、曹晖等	
31	淮海战役陈官庄地区歼灭战纪念馆	2011 年教育部优秀工程勘察设计三等奖	齐康、金俊、王彦辉等	
32	淮安周恩来纪念馆扩建工程	2011 年教育部优秀工程勘察设计三等奖	齐康、金俊、叶菁、王彦辉等	
33	上饶市龙潭湖综合整治项目	2013 年教育部优秀工程勘察设计一等奖	马晓东、谭亮、韩冬青、孟媛、欧阳之曦等	
34	太仓市传媒中心	2013 年教育部优秀工程勘察设计二等奖	高庆辉、钱锋、周玮、姜辉等	
35	建湖县文化中心	2013 年教育部优秀工程勘察设计二等奖	万邦伟、刘捷、陈宇等	
36	南京财经大学工科实验楼	2013 年教育部优秀工程勘察设计三等奖	万邦伟、万小梅、王鹏、智家兴等	
37	南京三宝科技集团超高频 RFID 电子标签产业化应用项目物联网工程中心	2015 年教育部优秀工程勘察设计一等奖	张彤、殷伟韬等	
38	北京建筑工程学院大兴新校区机电与汽车工程学院、电气与信息工程学院楼	2015 年教育部优秀工程勘察设计一等奖	高庆辉、孔晖、袁伟俊等	
39	姜堰博物馆	2015 年教育部优秀工程勘察设计二等奖	齐康、王彦辉、张弦、叶菁等	
40	国家电网公司智能电网科研产业（南京）基地生产调度中心	2015 年教育部优秀工程勘察设计二等奖	钱锋、孙承磊、刘珏、李大勇等	
41	翻建吉兆营清真寺	2015 年教育部优秀工程勘察设计三等奖	马晓东、韩冬青、孙颖智、高崧等	

序号	作品名称	获得奖项	设计人员	合作单位
42	中国移动江苏公司连云港移动通信枢纽工程	2015年教育部优秀工程勘察设计三等奖	高庆辉、徐静等	
43	南京财富中心	2015年教育部优秀工程勘察设计三等奖	张宏、于泳、聂毅宁等	
44	九江市文化中心	2017年教育部优秀工程勘察设计一等奖	高庆辉、徐静、钱晶、钱瑜皎、蒋澍等	
45	人民日报社报刊综合业务楼	2017年教育部优秀工程勘察设计一等奖	周琦、钱锋、孔晖等	
46	青少年奥林匹克训练基地训练楼、综合楼	2017年教育部优秀工程勘察设计二等奖	韩冬青、王志刚、钱晶、周玮等	
47	袁家界游客服务中心	2017年教育部优秀工程勘察设计二等奖	杨志疆、杨程、周妍琳、葛晓峰、叶菁等	
48	泰州市凤凰小学	2017年教育部优秀工程勘察设计三等奖	单踊、孙友波、顾海明、景文娟等	
49	科技创业研发孵化综合楼	2017年教育部优秀工程勘察设计三等奖	钱锋、杨云、雷雪松、许立群等	
50	南通师范高等专科学校新校区核心教学组群	2017年教育部优秀工程勘察设计三等奖	蒋楠、陈宇、王建国、周玮、蔡凯臻等	南通市规划设计院有限公司

WA 中国建筑奖

序号	作品名称	获得奖项	设计人员	合作单位
1	南京牛首山景区游客中心	2016WA中国建筑奖城市贡献奖佳作奖	王建国、朱渊、姚昕悦等	
2	吉兆营清真寺翻建工程	2016WA中国建筑奖社会公平奖入围奖	马晓东、韩冬青等	

江苏省优秀工程设计奖（以获奖先后为序）

序号	作品名称	获得奖项	设计人员	合作单位
1	中国人民解放军海军诞生纪念馆	1999-2000年度江苏省优秀工程设计一等奖	齐康、张彤、黄印武等	南京市建筑设计研究院
2	泰州市市级机关综合办公楼	1999-2000年度江苏省优秀工程设计一等奖	丁沃沃、张雷等	
3	南师大新区现代教育中心	1999-2000年度江苏省优秀工程设计一等奖	高民权、方于升、吴云鹏等	
4	高二适纪念馆	1999-2000年度江苏省优秀工程设计二等奖	单踊等	
5	南京月牙湖花园小区	1999-2000年度江苏省优秀工程设计二等奖	高民权等	
6	宿迁市党政机关办公楼	1999-2000年度江苏省优秀工程设计二等奖	冷嘉伟等	
7	南京市复城大厦	1999-2000年度江苏省优秀工程设计二等奖	钟训正、王文卿、刘圻、龚恺等	
8	江苏省国税大厦	1999-2000年度江苏省优秀工程设计二等奖	齐康、齐昉、王建国等	
9	宿迁市供电局生产调度楼	2001-2002年度江苏省优秀工程设计二等奖	冷嘉伟等	
10	中信实业银行南京分行业务楼	2001-2002年度江苏省优秀工程设计三等奖	齐康等	南京市建筑设计研究院
11	南京森林公安高等专科学校仙林校区主体建筑群（图书馆、教学楼、实验楼）	2003-2004年度江苏省优秀工程设计一等奖	韩冬青、冷嘉伟、夏兵、王正等	
12	中国人民银行济南分行金库营业楼（和东大建筑研究所合作）	2003-2004年度江苏省优秀工程设计二等奖	齐康、齐昉、郑炘、史晓川等	
13	南京农业大学图书馆	2005年度江苏省优秀工程设计一等奖	张彤、朱渊等	
14	紫金山天文台盱眙观测站观测楼	2005年度江苏省优秀工程设计二等奖	马晓东、万小梅等	
15	西安门广场景观建筑（餐饮服务）建筑设计	2005年度江苏省优秀工程设计三等奖	杨冬辉、丁宏伟等	
16	淮安市人民检察院综合业务楼	2005年度江苏省优秀工程设计三等奖	马晓东、刘珏、雷雪松、曹晖等	
17	长兴县图书馆、档案馆	2006年度江苏省优秀工程设计一等奖	马晓东、傅筱、周玮等	
18	洪泽县文化中心	2006年度江苏省优秀工程设计二等奖	钟训正、韩冬青、徐静等	
19	徐州师范大学教学主楼群体	2006年度江苏省优秀工程设计三等奖	齐康、齐昉、郑炘等	
20	镇江市人防办地面指挥中心	2007年度江苏省优秀工程设计二等奖	齐康、张宏等	
21	东南大学九龙湖校区公共教学楼一期	2008年度江苏省优秀工程设计二等奖	王建国、张航、李大勇等	
22	东南大学九龙湖校区图书馆	2008年度江苏省优秀工程设计二等奖	齐康、齐昉等	
23	泉峰集团总部办公楼	2009年度江苏省优秀工程设计一等奖	钱锋、刘珏、孔晖等	
24	泰州市望海楼重建工程	2009年度江苏省优秀工程设计二等奖	杜顺宝、杨德安等	
25	江苏省建设管理综合楼工程	2009年度江苏省优秀工程设计三等奖	高民权、周宁等	江苏中大建筑工程设计有限公司
26	绵竹市广济镇文化中心	2010年度江苏省优秀工程设计一等奖	王建国、徐小东、万邦伟等	
27	绵竹市广济镇卫生院	2010年度江苏省优秀工程设计一等奖	张彤、万邦伟等	
28	广济镇小学校	2010年度江苏省优秀工程设计二等奖	韩冬青、裴竣、孟媛、谭亮等	
29	四川省绵竹市广济镇灾后援建项目——绵竹市广济镇便民服务中心建筑群，包括便民服务中心(1)（行政中心）、便民服务中心(2)（公共厕所）、农贸市场	2010年度江苏省优秀工程设计二等奖	王建国、徐小东、万邦伟等	
30	绵竹市广济镇幼儿园	2010年度江苏省优秀工程设计二等奖	邓浩、张彤、万邦伟等	
31	绵竹市第一示范幼儿园	2010年度江苏省优秀工程设计二等奖	张宏、马晓东、王剑、崔力强等	
32	绵竹市就业和社会保障综合服务中心	2010年度江苏省优秀工程设计二等奖	高崧、袁玮、穆勇、方伟等	

序号	作品名称	获得奖项	设计人员	合作单位
33	绵竹市第二示范幼儿园	2010 年度江苏省优秀工程设计二等奖	马晓东、孙逊、孟媛、朱坚等	
34	江西省森林防火预警监测总站	2010 年度江苏省优秀工程设计二等奖	冷嘉伟、刘珏等	
35	南京市仙林大学城亚东派出所办公楼	2010 年度江苏省优秀工程设计二等奖	袁玮、石峻垚、薛丰丰等	
36	绵竹市第三示范幼儿园	2010 年度江苏省优秀工程设计三等奖	张宏、邵如意、马晓东等	
37	绵竹市救助站	2010 年度江苏省优秀工程设计三等奖	张宏、邵如意、殷伟韬、孔晖、马晓东等	
38	绵竹市广济镇福利院	2010 年度江苏省优秀工程设计三等奖	周颖、张彤、万邦伟等	
39	江阴市红十字中心血站业务大楼	2010 年度江苏省优秀工程设计三等奖	钱锋、孔晖、孙承磊等	
40	中国普天信息产业上海工业园总部科研楼	2011 年度江苏省优秀工程设计二等奖	张彤、毛烨等	
41	南京大学仙林校区国际化校区公共教学楼	2011 年度江苏省优秀工程设计二等奖	韩冬青、王正等	
42	如皋如园（如皋市规划建筑设计院办公楼）	2011 年度江苏省优秀工程设计二等奖	葛明、陈洁萍等	如皋市规划建筑设计院有限公司
43	南京信息工程大学实验中心	2011 年度江苏省优秀工程设计二等奖	钟训正、单踊、孟丽敏、马敏、孙友波、顾海明等	
44	无锡商业职业技术学院新校区图书馆	2011 年度江苏省优秀工程设计三等奖	钱锋、孔晖等	
45	太仓市土地交易、发证中心	2011 年度江苏省优秀工程设计三等奖	钱锋、单峰等	
46	南京市栖霞区法院审判综合楼	2011 年度江苏省优秀工程设计三等奖	齐康、齐昉、杨志疆等	
47	南京地质博物馆扩建工程	2012 年度江苏省优秀工程设计一等奖	曹伟、徐静、沙晓冬等	
48	江苏省南京市青少年（未成年人）社会实践行知基地	2012 年度江苏省优秀工程设计二等奖	郑炘、万邦伟、姜辉、陈庆宁、智家兴等	
49	投资大厦	2012 年度江苏省优秀工程设计二等奖	钱锋、周玮等	
50	太仓港区商务办公用房 1 号楼	2012 年度江苏省优秀工程设计二等奖	钱锋、周玮、史晓川等	
51	南京禄口机场海关综合业务大楼	2012 年度江苏省优秀工程设计三等奖	袁伟、钱晶、陈庆宁、李宝童等	
52	东晋历史文化暨江宁博物馆	2013 年度江苏省优秀工程设计一等奖	王建国、钱锋、徐宁等	
53	安徽滁州琅琊古道步行街（同乐坊）	2013 年度江苏省优秀工程设计二等奖	段进、张麟、殷铭、邓邺、李燕萍、季松、刘红杰、杨奕人、何舒炜、刘军等	
54	镇江新区大港中学体育馆	2013 年度江苏省优秀工程设计二等奖	单踊、孙友波、马敏、丁广明、顾海明、史春华、孟丽敏等	
55	常州市武进第二人民医院门急诊病房楼	2013 年度江苏省优秀工程设计二等奖	袁玮、林冀闽、穆勇、石峻垚等	
56	南京殡仪馆搬迁工程	2013 年度江苏省优秀工程设计三等奖	朱雷、齐昉、龚恺、庞博、万邦伟、严希等	
57	南京农业大学理科实验楼	2013 年度江苏省优秀工程设计三等奖	齐康、齐昉、金俊、徐旺、庞博、穆勇等	
58	巩义市市民文化艺术中心暨图书馆工程	2013 年度江苏省优秀工程设计三等奖	高崧、袁玮、杨冬辉、丁广明等	
59	大丰经济开发区商务办公区	2013 年度江苏省优秀工程设计三等奖	钱锋、刘珏等	
60	南京鼓楼医院仙林国际医院基本医疗区	2014 年度江苏省优秀工程设计一等奖	高崧、曹伟、孔晖等	
61	南京市妇女儿童活动中心	2014 年度江苏省优秀工程设计一等奖	韩冬青、马晓东、王止等	
62	苏州高新区科技大厦二期——7 号~10 号楼	2014 年度江苏省优秀工程设计二等奖	曹伟、刘珏、赵卓、孔晖、曹晖等	
63	镇江北固山北固楼等建筑工程	2014 年度江苏省优秀工程设计二等奖	陈薇、王建国、吴雁、朱光亚、周小棣等	
64	南京通信技术研发基地中心楼	2014 年度江苏省优秀工程设计二等奖	王静、周玮、董卫、冷嘉伟等	
65	衡水饭店	2014 年度江苏省优秀工程设计三等奖	马晓东、单峰、殷伟韬、孔晖等	
66	沙洲街道社区服务中心	2014 年度江苏省优秀工程设计三等奖	张宏、钱锋等	
67	特克斯县双语中学	2014 年度江苏省优秀工程设计三等奖	王静、陈宇等	
68	南京通信技术研发基地实验楼	2015 年度江苏省优秀工程设计一等奖	朱雷、董卫、周玮、张玫英、冷嘉伟等	
69	沧州博物馆、图书馆、城市规划展览馆	2015 年度江苏省优秀工程设计一等奖	单踊、孙友波、马敏、史春华、丁广明、张光磊等	
70	常州花博会大师园建筑	2015 年度江苏省优秀工程设计二等奖	朱光亚、胡石、许若菲、杨红波、陈建刚等	
71	南京南捕厅历史文化风貌保护区四号地块三期工程南区	2015 年度江苏省优秀工程设计二等奖	钱锋、殷伟韬、许立群、沈国尧等	
72	君铂大厦	2015 年度江苏省优秀工程设计二等奖	王建国、冷嘉伟、严希等	
73	南通汽车客运东站	2015 年度江苏省优秀工程设计三等奖	齐康、王彦辉等	
74	提高公司研究设计及检测能力建设项目	2015 年度江苏省优秀工程设计三等奖	钱锋、徐萍、雷雪松、方伟、钱瑜皎、李大勇等	
75	如东县县级机关幼儿园	2016 年度江苏省优秀工程设计一等奖	马晓东、谭亮、孟媛等	
76	常州市武进区西太湖牛津国际公学	2016 年度江苏省优秀工程设计二等奖	单踊、孙友波、顾海明、夏兵、丁广明、史春华等	
77	南京新港（四号地块）研发中心大楼建设项目	2016 年度江苏省优秀工程设计二等奖	雒建利、孔晖、罗海、殷伟韬等	
78	常州天主教堂	2016 年度江苏省优秀工程设计二等奖	郑炘、马敏、桂鹏、孙友波、张光磊、汤春芳等	
79	江苏银行总部大厦	2016 年度江苏省优秀工程设计二等奖	王志刚、袁玮、林冀闽、李宝童等	
80	东南大学九龙湖校区体育馆	2016 年度江苏省优秀工程设计三等奖	万小梅、马进、雷雪松等	
81	城市之光大厦	2016 年度江苏省优秀工程设计三等奖	冷嘉伟、袁珠、严希等	
82	昆山市锦溪人民医院（老年护理院）一期	2016 年度江苏省优秀工程设计三等奖	齐康、周颖、叶菁等	

浙江省建设工程钱江杯奖（优秀勘察设计）（以获奖先后为序）

序号	作品名称	获得奖项	设计人员	合作单位
1	杭州金都华府住宅小区	2008年度浙江省建设工程钱江杯奖（优秀勘察设计）二等奖	程泰宁等	中联程泰宁建筑设计研究院有限公司
2	常熟理工学院逸夫图书馆	2009年度浙江省建设工程钱江杯奖（优秀勘察设计）一等奖	程泰宁等	杭州中联程泰宁建筑设计研究有限公司
3	浙江美术馆	2009年度浙江省建设工程钱江杯奖（优秀勘察设计）一等奖	程泰宁等	中国联合工程公司
4	中国海盐博物馆	2010年度浙江省建设工程钱江杯奖（优秀勘察设计）一等奖	程泰宁等	杭州中联程泰宁建筑设计研究院有限公司
5	浙江耀江大酒店	2010年度浙江省建设工程钱江杯奖（优秀勘察设计）二等奖	程泰宁等	杭州中联程泰宁建筑设计研究有限公司
6	银川国际会展中心	2012年度浙江省建设工程钱江杯奖（优秀勘察设计）一等奖	程泰宁等	杭州中联程泰宁建筑设计研究院有限公司
7	湖州市南浔区行政中心	2012年度浙江省建设工程钱江杯奖（优秀勘察设计）二等奖	程泰宁等	杭州中联筑境建筑设计有限公司
8	杭政储出〔2005〕24#地块金都城市芯宇标段	2012年度浙江省建设工程钱江杯奖（优秀勘察设计）钱江杯奖	程泰宁等	杭州中联筑境建筑设计有限公司
9	杭政储出〔2005〕24#地块金都城市芯宇标段	2016年度浙江省建设工程钱江杯奖（优秀勘察设计）三等奖	程泰宁等	杭州中联筑境建筑设计有限公司
10	沂蒙革命纪念馆	2017年度浙江省建设工程钱江杯奖（优秀勘察设计）一等奖	程泰宁等	杭州中联程泰宁建筑设计研究院有限公司

浙江省建设工程优秀设计奖（以获奖先后为序）

序号	作品名称	获得奖项	设计人员	合作单位
1	宁波·中国港口博物馆及国家水下文化遗产保护宁波基地工程	2014年度浙江省建设工程优秀设计奖	程泰宁等	杭州中联筑境建筑设计有限公司
2	湘潭市规划展示馆及博物馆	2016年浙江省建设工程优秀设计一等奖	程泰宁等	杭州中联筑境建筑设计有限公司

湖南省优秀工程设计奖

序号	作品名称	获得奖项	设计人员	合作单位
1	湘潭市规划展示馆及博物馆	2016年湖南省优秀工程设计一等奖	程泰宁等	杭州中联筑境建筑设计有限公司

河南省优秀工程设计奖

序号	作品名称	获得奖项	设计人员	合作单位
1	河南博物院	1999年度河南省优秀工程设计一等奖	齐康、郑炘、王建国、张宏、张彤等	河南省建筑设计研究院

福建省优秀工程设计奖

序号	作品名称	获得奖项	设计人员	合作单位
1	福建博物院	2004年度福建省优秀工程设计一等奖	齐康、邓浩、杨志疆等	福建省建筑设计研究院

辽宁省优秀工程设计

序号	作品名称	获得奖项	设计人员	合作单位
1	沈阳"九·一八"历史博物馆	1999-2000年度辽宁省优秀工程设计一等奖	齐康、金俊、王彦辉等	中建中国东北建筑设计研究院

城乡规划

全国优秀城乡规划设计奖／建设部部级城乡建设优秀勘察设计（以获奖先后为序）

序号	作品名称	获得奖项	设计人员	合作单位
1	南京朝天宫地区保护更新规划项目	2001年度建设部部级优秀勘察三等奖	吴明伟、丁宏伟等	
2	泗洪濉河风光带城隍庙地段详细规划设计	2003年度建设部部级优秀勘察三等奖	段进、雒建利、季松、朱仁兴等	
3	苏州市环古城风貌保护工程西段详细规划	2005年度建设部部级优秀勘察设计一等奖	段进、徐春宁、张麒、雒建利、张勇强、朱仁兴、罗洋等	
4	钟山风景名胜区中三陵园风景区详细规划	2005年度建设部部级优秀勘察设计三等奖	吴明伟等	
5	安庆市历史文化名城保护规划	2005年度建设部部级优秀勘察设计三等奖	吴明伟、阳建强等	
6	浙江省乐清市仙溪镇南阁村保护规划	2005年度建设部部级优秀勘察设计二等奖	董卫等	
7	嘉兴市环城河沿线景观城市设计	2007年度全国优秀城乡规划设计奖二等奖	段进、季松、张麒、李亮等	
8	安徽大学新校区修建性详细规划	2007年度全国优秀城乡规划设计奖二等奖	段进、陈晓东、唐军、雒建利、张麒、罗洋等	
9	天山天池国家级风景名胜区总体规划	2007年度全国优秀城乡规划设计奖二等奖	杜顺宝、唐军等	
10	常州城市空间景观规划研究	2007年度全国优秀城乡规划设计奖三等奖	王建国、龚恺、张愚等	常州市规划设计院、常州市测绘院、常州市城市规划管理信息中心
11	常州市万福路—常澄路城市设计与控制性详细规划	2007年度全国优秀城乡规划设计奖表扬奖	王建国、高源等	常州市规划设计院、常州市测绘院
12	扬州东关历史文化街区保护规划	2009年度全国优秀城乡规划设计奖三等奖	朱光亚、刘博敏、李新建等	扬州市规划局、扬州市城市规划设计研究院有限责任公司
13	姜堰市溱潼历史文化名镇保护规划（2008-2020）	2009年度全国优秀城乡规划设计奖三等奖	孔令龙、张倩等	
14	南京大石湖生态旅游度假区规划	2009年度全国优秀城乡规划设计奖三等奖	成玉宁等	
15	蓬莱市立体空间形态与景观风貌特色规划	2011年度全国优秀城乡规划设计奖一等奖	段进、邵润青等	
16	南京浦口中心城区概念性城市设计	2011年度全国优秀城乡规划设计奖二等奖	阳建强、孙世界、吴晓、王承慧、王兴平、胡明星、朱彦东等	南京市规划设计研究院有限责任公司
17	常州市旧城更新规划研究	2011年度全国优秀城乡规划设计奖三等奖	阳建强、周文竹等	常州市规划设计院
18	苏州火车站地区综合改造城市设计	2013年度全国优秀城乡规划设计奖二等奖	段进、季松、张麒、李亮、刘红杰、宫作成、杨奕人、仇月霞、钱换等	
19	常州市中心城区总体城市设计	2013年度全国优秀城乡规划设计奖二等奖	段进、季松、李亮等	常州市规划设计院
20	海宁市城市景观风貌整体城市设计	2013年度全国优秀城乡规划设计奖二等奖	段进、陈晓东、宫作成、何舒炜等	
21	苏州市虎丘周边地区城市设计	2013年度全国优秀城乡规划设计奖二等奖	段进、张麒、钱艳、何舒炜、朱仁兴、赵薇等	
22	南京总体城市设计	2013年度全国优秀城乡规划设计奖二等奖	王建国、阳建强、高源、王承慧、孙世界、吴晓、董卫等	南京市规划设计研究院有限责任公司
23	铁路南京站北站房、北广场综合客运枢纽规划	2013年度全国优秀城乡规划设计奖二等奖	段进、季松、李亮等	南京市城市与交通规划设计研究院有限责任公司
24	武汉市主城区东西山系景观轴线（蛇山—九峰森林公园）城市设计	2013年度全国优秀城乡规划设计奖二等奖	段进、邵润青、刘红杰、罗洋、季松、张麒、薛松、李亮、仇月霞等	
25	江苏省镇江市主城区空间形态特色城市设计	2013年度全国优秀城乡规划设计奖三等奖	刘博敏等	镇江市规划设计研究院
26	南通城市空间特色规划	2013年度全国优秀城乡规划设计奖三等奖	杨俊宴、刘博敏、史宜等	南通市规划编制研究中心
27	武汉市主城区历史文化与风貌街区体系规划	2013年度全国优秀城乡规划设计奖三等奖	阳建强等	武汉规划研究院
28	南京青奥村地区整体规划与城市设计	2015年度全国优秀城乡规划设计奖一等奖	段进、陈晓东、钱艳、刘红杰、高尚、赵薇等	
29	郑州中心城区总体城市设计	2015年度全国优秀城乡规划设计奖一等奖	王建国、杨俊宴、王晓俊、孙世界、王兴平、徐春宁、朱彦东、陶岸君、马进等	郑州市规划勘测设计研究院
30	南京市明外郭—秦淮新河百里风光带规划——秦淮新河沿线地区规划设计	2015年度全国优秀城乡规划设计奖二等奖	段进、刘红杰、高尚、刘晋华、徐倩、季松、张麒、薛松等	
31	宣城市城市空间特色规划	2015年度全国优秀城乡规划设计奖二等奖	段进、刘红杰、徐倩、高尚、殷铭、王正、薛松、罗洋等	
32	南京河西新城中轴（淮河路两侧地块）城市设计	2015年度全国优秀城乡规划设计奖三等奖	段进、刘红杰、徐倩、高尚、朱仁兴等	

教育部优秀工程勘察设计奖（以获奖先后为序）

序号	作品名称	获得奖项	设计人员	合作单位
1	全国重点文物保护单位平顶山惨案遗址保护规划	2011年教育部优秀工程勘察设计一等奖	周小棣、沈旸、马骏华、相睿等	
2	广州市级公共中心体系规划研究	2011年教育部优秀工程勘察设计三等奖	杨俊宴、王兴平、谭瑛、雒建利等	
3	大同东关古城商业街区规划	2011年教育部优秀工程勘察设计三等奖	周小棣、马骏华、沈旸、韩冬青、陈薇、相睿、常军富等	
4	南京钟山风景名胜区博爱园修建性详细规划	2013年教育部优秀工程勘察设计一等奖	王建国、韩冬青、马晓东、陈薇、王晓俊、胡明星等	
5	辽宁省省级文物保护单位抚顺元帅林保护规划	2013年教育部优秀工程勘察设计二等奖	周小棣、沈旸、相睿等	
6	太原太山风景区规划及景观改造	2013年教育部优秀工程勘察设计三等奖	周小棣、沈旸、马骏华、相睿、常军富等	
7	大运河（无锡段）遗产保护规划	2013年教育部优秀工程勘察设计三等奖	阳建强、周文竹等	
8	广州市和平中历史文化保护区保护规划	2013年教育部优秀工程勘察设计三等奖	杨俊宴、史宜等	
9	南通通津九脉特色空间城市设计	2013年教育部优秀工程勘察设计三等奖	杨俊宴、谭瑛等	
10	宣城市宛陵湖环湖地段城市设计	2015年教育部优秀工程勘察设计一等奖	韩冬青等	
11	南京浦口求雨山及周边地段城市设计	2017年教育部优秀工程勘察设计一等奖	韩冬青、刘华、方榕等	
12	全国重点文物保护单位西炮台遗址文物保护规划	2017年教育部优秀工程勘察设计二等奖	周小棣、沈旸、盛亚民、相睿、常军富等	
13	宣城古建筑、古遗址保护与利用规划	2017年教育部优秀工程勘察设计二等奖	沈旸、李向锋、周小棣、相睿、常军富、王正、殷铭等	

江苏省优秀工程设计奖（以获奖先后为序）

序号	作品名称	获得奖项	设计人员	合作单位
1	中山陵广场疏解工程配套设施总体规划	1999-2000年度江苏省优秀工程设计表扬奖	吴明伟等	
2	江苏省睢宁县艾山厂场规划	1999-2000年度江苏省优秀工程设计二等奖	成玉宁等	
3	安徽合肥卫生职业技术学校校园规划	2001-2002年度江苏省优秀工程设计一等奖	段进、徐春宁、朱仁兴、王海华、张玫英等	
4	南京朝天宫地区保护更新规划	2001-2002年度江苏省优秀工程设计二等奖	吴明伟等	
5	常熟市沙家浜风景区详细规划	2001-2002年度江苏省优秀工程设计三等奖	杜顺宝等	
6	常熟尚湖风景区拂水堤景观改造规划设计	2003-2004年度江苏省优秀工程设计三等奖	成玉宁等	
7	钟山风景名胜区中山陵园风景区详细规划	2005年度江苏省优秀工程设计二等奖	吴明伟等	中山陵园管理局
8	嘉兴市城市副中心空间形态研究	2005年度江苏省优秀工程设计三等奖	段进、邵润青等	嘉兴市建设局
9	姜堰市溱潼镇总体规划	2005年度江苏省优秀工程设计三等奖	孔令龙等	
10	苏州市环古城风貌保护工程西段详细规划	2006年度江苏省优秀工程设计一等奖	段进、徐春宁、张麒、雒建利、朱仁兴、罗洋等	
11	蚌埠医学院新校区修建性详细规划	2006年度江苏省优秀工程设计二等奖	段进、邵润青、朱仁兴等	
12	平邑县城市总体规划（2004-2020）	2006年度江苏省优秀工程设计三等奖	孔令龙等	
13	淮安文庙——慈云寺地区城市设计	2006年度江苏省优秀工程设计三等奖	孔令龙等	
14	金坛市沙湖村庄建设整治规划	2006年度江苏省优秀工程设计一等奖	刘博敏等	
15	嘉兴市环城河沿线景观城市设计	2007年度江苏省优秀工程设计一等奖	段进、邵润青、区克南、朱仁兴等	
16	安徽大学新校区修建性详细规划	2007年度江苏省优秀工程设计一等奖	段进、陈晓东、唐军、雒建利、张麒、罗洋等	
17	常州市万福路-常澄路城市设计与控制性详细规划	2007年度江苏省优秀工程设计二等奖	王建国、高源等	常州市规划设计院、常州市测绘院
18	南京溧水和凤镇张家村村庄建设规划	2007年度江苏省优秀工程设计二等奖	巢耀明等	
19	常州市特殊群体生活设施空间布局规划	2008年度江苏省优秀工程设计二等奖	王兴平等	常州市规划设计院、常州市规划管理信息中心
20	天山天池国家级风景名胜区总体规划	2008年度江苏省优秀工程设计二等奖	杜顺宝、唐军等	
21	常州城市空间景观规划研究	2008年度江苏省优秀工程设计二等奖	王建国、龚恺、张愚等	常州市规划设计院、常州市测绘院、常州市城市规划管理信息中心
22	扬州东关历史文化街区保护规划	2009年度江苏省优秀工程设计一等奖	朱光亚等	扬州市规划局、扬州市城市规划设计研究院有限责任公司
23	江苏省南京大石湖生态旅游度假区规划	2009年度江苏省优秀工程设计二等奖	成玉宁等	
24	镇江历史文化名城保护与复兴城市设计	2009年度江苏省优秀工程设计二等奖	刘博敏等	镇江市规划设计研究院
25	广州市级公共中心体系规划研究	2009年度江苏省优秀工程设计二等奖	杨俊宴等	
26	姜堰市溱潼历史文化名镇保护规划（2008-2020）	2009年度江苏省优秀工程设计三等奖	孔令龙等	
27	南京市河西新城区南部地区城市设计	2009年度江苏省优秀工程设计三等奖	段进、刘红杰、徐倩、高尚、朱仁兴等	
28	徐州市泉山区总体城市设计	2009年度江苏省优秀工程设计三等奖	阳建强等	
29	常州市古运河—关河地区保护利用规划研究	2010年度江苏省优秀工程设计一等奖	段进、季松、张麒、李亮等	常州市规划设计院
30	蓬莱市区立体空间形态与景观风貌特色规划	2010年度江苏省优秀工程设计一等奖	段进、邵润青等	

序号	作品名称	获得奖项	设计人员	合作单位
31	常州市旧城更新规划研究	2010年度江苏省优秀工程设计二等奖	阳建强等	
32	常州市历史建筑修缮技术导则及保护策略研究	2010年度江苏省优秀工程设计二等奖	胡石等	
33	石家庄市建设大街城市设计	2010年度江苏省优秀工程设计三等奖	熊国平等	
34	东山新市区府前片区城市设计	2010年度江苏省优秀工程设计三等奖	段进、刘红杰等	
35	南京市马集镇总体规划（2008-2020）	2010年度江苏省优秀工程设计三等奖	王兴平等	
36	南京总体城市设计	2011年度江苏省优秀工程设计二等奖	王国国、阳建强、高源、王承慧、孙世界、吴晓、董卫等	南京市规划设计研究院有限责任公司
37	连云港经济技术开发区产业布局规划	2011年度江苏省优秀工程设计三等奖	王兴平等	南京城理人城市规划设计有限公司、国家发改委产业经济与技术经济研究所、连云港市规划区东区分局
38	海宁市城市景观风貌整体城市设计	2012年度江苏省优秀工程设计一等奖	段进、陈晓东、宫作成、何舒炜等	
39	苏州火车站地区综合改在城市设计	2012年度江苏省优秀工程设计一等奖	段进、季松、张麒、李亮、刘红杰、宫作成、杨奕人、仇月霞、钱艳等	
40	南通城市空间特色规划	2012年度江苏省优秀工程设计三等奖	杨俊宴、刘博敏、史宜等	
41	江苏窑湾历史文化名镇保护规划	2012年度江苏省优秀工程设计三等奖	刘博敏、朱光亚等	
42	东山副城总体城市设计	2012年度江苏省优秀工程设计三等奖	王建国、杨俊宴、王晓俊、高源、史宜等	
43	常州市中心城区总体城市设计	2013年度江苏省优秀工程设计一等奖	段进、季松、李亮等	常州市规划设计院
44	苏州市虎丘周边地区城市设计	2013年度江苏省优秀工程设计一等奖	段进、张麒、钱艳、何舒炜、朱仁兴、赵薇等	
45	江苏省镇江市主城区空间形态特色城市设计	2013年度江苏省优秀工程设计二等奖	刘博敏等	镇江市规划设计研究院
46	新沂市窑湾镇西大街、中宁街历史文化街区保护规划	2013年度江苏省优秀工程设计二等奖	刘博敏等	
47	武汉市主城区东西山系景观轴线（蛇山—九峰森林公园）城市设计	2013年度江苏省优秀工程设计二等奖	段进、邵润青、刘红杰、罗洋、季松、张麒、薛松、李亮、仇月霞等	
48	溧阳市团城及城中河沿线地区城市设计	2013年度江苏省优秀工程设计三等奖	段进、张麒、何舒炜、钱艳、赵薇等	
49	鄞州区云龙镇区中心区城市设计	2013年度江苏省优秀工程设计三等奖	段进、薛松、罗洋、高尚、李亮、仇月霞、宫作成、赵薇等	
50	武夷山市赤石村（国家风景名胜区北入口）片区城市设计	2013年度江苏省优秀工程设计一等奖	吴晓、高源、江建华、尹明凤、郑浩、陈雨露、强欢欢、吴文涛等	
51	南京市明外郭—秦淮新河百里风光带规划——秦淮新河沿线地区规划设计	2014年度江苏省优秀工程设计一等奖	段进、刘红杰、高尚、刘晋华、徐倩、季松、张麒、薛松等	
52	青果巷历史文化街区保护规划	2014年度江苏省优秀工程设计一等奖	段进、张麒、胡石、仇月霞等	常州市规划设计院
53	郑州中心城区总体城市设计	2014年度江苏省优秀工程设计一等奖	王建国、杨俊宴、王晓俊、孙世界、王兴平、徐春宁、朱彦东、陶岸君、马进等	郑州市规划勘测设计研究院
54	宣城市城市空间特色规划	2014年度江苏省优秀工程设计一等奖	段进、刘红杰、徐倩、高尚、殷铭、王正、薛松、罗洋等	
55	南京宁高高科技产业园启动区城市设计	2014年度江苏省优秀工程设计三等奖	高源、吴晓、陶岸君、朱彦东等	
56	江宁区湖熟街道龙都新市镇城市设计	2014年度江苏省优秀工程设计二等奖	段进、薛松、罗洋、刘红杰、陶世寅等	
57	南京青奥村地区整体规划与城市设计	2015年度江苏省优秀工程设计一等奖	段进、陈晓东、钱艳、刘红杰、高尚、赵薇等	南京市城市与交通规划设计研究院有限责任公司、南京大学建筑规划设计研究院
58	南京河西新城中轴（淮河路两侧地块）城市设计	2015年度江苏省优秀工程设计一等奖	段进、刘红杰、徐倩、高尚、朱仁兴等	
59	南京滨江地区总体城市设计	2015年度江苏省优秀工程设计二等奖	段进、刘红杰、高尚、徐倩、韩冬青、季松、张麒、薛松等	
60	仪征月塘谢月路等生态性公共活动带城市设计	2015年度江苏省优秀工程设计三等奖	段进、张麒、何舒炜、王夏等	
61	石梁河库区（东海片）连片扶贫开发总体规划（2013-2030年）	2015年度江苏省优秀工程设计三等奖	熊国平等	
62	蚌埠市总体城市设计	2016年度江苏省优秀工程设计一等奖	王建国、杨俊宴、谭瑛、沈旸、陶岸君、朱彦东等	
63	高铁南京南站综合枢纽地区规划	2016年度江苏省优秀工程设计一等奖	段进、季松、李亮等	南京市城市与交通规划设计研究院有限责任公司 南京大学建筑规划设计研究院有限公司
64	常州市城市设计评估	2016年度江苏省优秀工程设计一等奖	段进、季松、李亮等	常州市规划设计院
65	潍坊市白浪河城区中心区域城市设计	2016年度江苏省优秀工程设计二等奖	王建国、杨俊宴、徐春宁、沈旸、蔡凯臻、唐军、朱彦东等	潍坊市规划设计研究院
66	连云港新海新区整体空间规划及重点地段城市设计	2016年度江苏省优秀工程设计二等奖	段进、陈晓东、宫作成、钱艳、仇月霞等	
67	象山县主城区品质提升行动规划	2016年度江苏省优秀工程设计二等奖	段进、刘红杰、徐倩、李亮、高尚等	
68	南京市秦淮区总体规划（2013-2030）	2016年度江苏省优秀工程设计二等奖	阳建强、王海卉、陶岸君、朱彦东等	南京大学城市规划设计研究院有限公司
69	南京市高淳区村庄布点规划（2014-2030）	2016年度江苏省优秀工程设计二等奖	王兴平、王海卉、陶岸君、李铁柱、胡畔、赵立元、冯姝、嘉勃、贺志华、胡亮、国子健、钱芳、朱娜等	
70	南京市板桥新城总体规划（2010-2030）	2016年度江苏省优秀工程设计三等奖	熊国平等	
71	象山石浦整体城市设计	2016年度江苏省优秀工程设计二等奖	段进、刘红杰、高尚、徐倩等	

风景园林

全国优秀工程勘察设计行业奖／全国优秀城乡规划设计奖〔以获奖先后为序〕

序号	作品名称	获得奖项	设计人员	合作单位
1	溧水城东公园设计	2013 年全国优秀工程勘察设计行业奖二等奖	王晓俊等	
2	滁州市菱溪湖公园景观工程设计	2013 年全国优秀工程勘察设计行业奖三等奖	成玉宁、李哲等	
3	浙江天台山国家级风景名胜区佛陇景区详细规划	2015 年度全国优秀城乡规划设计奖二等奖	唐军、杜顺宝、朱仁兴等	
4	南京明外郭沿线地区规划设计及重点地段修建性详细规划	2015 年度全国优秀城乡规划设计奖二等奖	陈薇、王建国、王晓俊、高源、沈旸、诸葛净、朱彦东、蔡凯臻、周武忠、黄羊山、是霏、贾亭立等	
5	江苏·福冈友好樱花园景观提升工程	2015 全国优秀工程勘察设计行业奖三等奖	成玉宁、袁旸洋、李雱等	

教育部优秀工程勘察设计奖〔以获奖先后为序〕

序号	作品名称	获得奖项	设计人员	合作单位
1	南京长江二桥桥头公园	2005 年教育部优秀工程勘察设计三等奖	周小棣等	
2	南京狮子山—汉西门风貌区小桃园片区一期工程景观设计	2007 年度教育部优秀工程勘察设计二等奖	杨冬辉、单踊等	
3	南京西安门公园景观设计	2007 年度教育部优秀工程勘察设计三等奖	杨冬辉等	
4	金陵图书馆新馆景观设计	2009 年度教育部优秀工程勘察设计二等奖	杨冬辉等	
5	苏州工业园区重元寺一期工程观音岛景观设计	2009 年度教育部优秀工程勘察设计二等奖	朱光亚、周小棣、唐小简、伍清辉等	
6	南京软件园中科院软件产业中心景观工程	2009 年度教育部优秀工程勘察设计二等奖	周小棣、丁广明、蔡峰、伍清辉、赵迎、唐小简等	
7	孙中山铜像回迁暨新街口广场改造工程	2011 年教育部优秀工程勘察设计三等奖	杨冬辉等	
8	君临紫金〔铁匠营〕景观设计	2011 年教育部优秀工程勘察设计三等奖	杨冬辉等	
9	宜兴市善卷洞景区景观设计	2013 年教育部优秀工程勘察设计二等奖	杨冬辉等	
10	南京钟山风景区博爱园南入口广场景观设计	2013 年教育部优秀工程勘察设计三等奖	杨冬辉等	
11	扬中滨江公园	2013 年教育部优秀工程勘察设计三等奖	成玉宁、袁旸洋等	
12	南京市新街口地段景观环境提升工程设计	2015 年教育部优秀工程勘察设计二等奖	成玉宁、李哲、濮岳川、王晓俊等	
13	玄武门—神策门段环境综合整治工程	2017 年教育部优秀工程勘察设计一等奖	杨冬辉等	
14	解放门东南侧游园建设项目绿化景观及其相关配套工程	2017 年教育部优秀工程勘察设计一等奖	杨冬辉等	
15	南京软件谷智慧园商业项目景观工程	2017 年教育部优秀工程勘察设计二等奖	杨冬辉等	
16	南京明外郭萧宏公园	2017 年教育部优秀工程勘察设计二等奖	王晓俊、胡白、许若菲、陈建刚、纪雨舟等	

江苏省优秀工程设计奖〔以获奖先后为序〕

序号	作品名称	获得奖项	设计人员	合作单位
1	浙江新昌大佛寺风景名胜区般若谷景点设计	2005 年度江苏省优秀工程设计一等奖	杜顺宝、张哲、张骐、杨冬辉等	
2	大丰市二卯酉河景观设计	2007 年度江苏省优秀工程设计二等奖	成玉宁、张楷等	
3	大行宫市民广场	2007 年度江苏省优秀工程设计三等奖	杨冬辉、唐军等	
4	南京武夷绿洲观竹苑〔二、三期〕、品茗苑景观设计	2009 年度江苏省优秀工程设计二等奖	成玉宁等	
5	西湖东岸城市景观规划——西湖申遗之城市景观提升工程	2011 年度江苏省优秀工程设计一等奖	王建国、杨俊宴、陈宇、徐宁等	
6	溧水城东公园设计	2011 年度江苏省优秀工程设计二等奖	王晓俊、钱筠、臧正芳、于天庆、黄燕等	
7	滁州市菱溪湖公园景观工程设计	2011 年度江苏省优秀工程设计二等奖	成玉宁、李哲等	
8	苏源集团有限公司总部办公楼景观工程	2012 年度江苏省优秀工程设计三等奖	马晓东、杨冬辉、周小棣、唐小简、伍清辉、蔡峰、王志东、周桂祥、刘俊、曹子容等	
9	浙江天台山国家级风景名胜区佛陇景区详细规划	2014 年度江苏省优秀工程设计二等奖	唐军、杜顺宝、朱仁兴等	
10	江苏·福冈友好樱花园景观提升工程	2014 年度江苏省优秀工程设计二等奖	成玉宁、袁旸洋、李雱等	
11	新沂市东、南出入口景观设计	2014 年度江苏省优秀工程设计二等奖	王晓俊、朱渊、顾海明、黄燕、李燕萍等	
12	南京老山国家森林公园七佛寺景区基础设施建设项目	2014 年度江苏省优秀工程设计三等奖	陈烨、成玉宁、李雱等	

序号	作品名称	获得奖项	设计人员	合作单位
13	南京明外郭沿线地区规划设计及重点地段修建性详细规划	2015 年度江苏省优秀工程设计一等奖	陈薇、王建国、王晓俊、高源、沈旸、诸葛净、朱彦东、蔡凯臻、周武忠、黄羊山、是霏、贾亭立等	
14	浙江百丈漈飞云湖国家级风景名胜区百丈飞瀑景区详细规划	2015 年度江苏省优秀工程设计一等奖	唐军、杜顺宝、张麒、杜嵘等	
15	南京牛首山风景区（北部景区）东片区道路与景观及建筑设计（一期）	2015 年度江苏省优秀工程设计一等奖	成玉宁、袁旸洋等	
16	九华山地藏菩萨大铜像景区景观设计	2015 年度江苏省优秀工程设计一等奖	王晓俊、王建国、周小棣等	
17	南京市江宁西部生态旅游道路工程	2015 年度江苏省优秀工程设计三等奖	杨冬辉等	
18	天保街生态路示范段研究和设计研究	2016 年度江苏省优秀工程设计一等奖	成玉宁、陈烨、袁旸洋等	
19	天台山风景名胜区石梁景区环境整治工程	2016 年度江苏省优秀工程设计一等奖	唐军、杜顺宝等	
20	南京青奥文化体育公园	2016 年度江苏省优秀工程设计二等奖	杨冬辉等	
21	解放门东南侧游园建设项目绿化景观及其相关配套工程	2016 年度江苏省优秀工程设计三等奖	杨冬辉等	
22	中山陵朱元璋像周边景观设计	2016 年度江苏省优秀工程设计表扬奖	杨冬辉等	

致谢

编撰东南大学建筑学院的教师设计作品集是一件愉快而艰辛的事。愉快，是因为我们收录汇编了学院老中青三代教师近 20 年来的优秀创作实践，这些作品在不同的类型中代表着国内最高的设计水平，呈现出一个历久弥新的学派在学科核心领域持续而旺盛的生命力。辛苦，则是在短短两个月的时间中，编写组需要汇集整理三个学科二十年中大量的工程实践，选择代表学科发展方向和水平的优秀作品，这确是一件繁芜庞杂而细致入微的工作。尽管我们已经付出了最大的努力，但仍然难免疏漏，不当之处请读者与同仁包涵。

本书的编撰工作得到齐康院士、钟训正院士、程泰宁院士和王建国院士的关心和指导；鲍家声、吴明伟、杜顺宝和朱光亚等资深教授提供了很多珍贵的资料和中肯的意见；编审组成员韩冬青、段进、陈薇、成玉宁、冷嘉伟、阳建强、单踊、张彤等教授为本书的定位、标准、作品遴选乃至书籍的装帧风格反复讨论斟酌；编撰组成员张彤、朱雷、马骏华、江泓、殷铭、顾凯、王为、金俊、叶菁、朱仁兴、蒋楠、张梦靓、周海飞等老师和吕明扬、孙天智、赵春晓等博士生夜以继日地收集整理资料，为本书的成稿付出了最为艰辛的劳动。在本书即将付梓之时，对以上同仁奉献的努力和智慧一并给予最为诚挚的感谢！

感谢中国建筑工业出版社对本书出版给予的大力支持！感谢群岛工作室在书籍装帧设计上付出的努力！没有各方的通力合作和相互理解，本书的付梓出版是难以想象的。

谨以本书献给东南大学建筑学院 90 周年华诞！

东南大学建筑学院教师设计作品选编写组
2017 年 11 月